山东省输变电工程

环境保护与水土保持图集

国网山东省电力公司建设部
国网山东省电力公司经济技术研究院　组编

中国电力出版社
CHINA ELECTRIC POWER PRESS

图书在版编目（CIP）数据

山东省输变电工程环境保护与水土保持图集 / 国网
山东省电力公司建设部, 国网山东省电力公司经济技术研
究院组编. -- 北京 ：中国电力出版社, 2025. 5.
ISBN 978-7-5198-9799-4

Ⅰ. X322.2-64；S157-64

中国国家版本馆 CIP 数据核字第 2025K1A068 号

出版发行：中国电力出版社

地　　址：北京市东城区北京站西街 19 号（邮政编码：100005）

网　　址：http://www.cepp.sgcc.com.cn

责任编辑：罗　艳（010-63412315）　高　芬

责任校对：黄　蓓　常燕昆

装帧设计：张俊霞

责任印制：石　雷

印　　刷：三河市万龙印装有限公司

版　　次：2025 年 5 月第一版

印　　次：2025 年 5 月北京第一次印刷

开　　本：880 毫米×1230 毫米　横 16 开本

印　　张：9

字　　数：323 千字

定　　价：180.00 元

编 委 会

主　任　韩　琪

副主任　文　艳　齐志强　张友泉　刘海涛

委　员　尹彦涛　赵　勇　曲占斐　谢　丹　程　剑　秦　松　轩正杰　宋丽君　谢　飞　卢福木　何春晖

　　　　兰　峰　邵淑燕　郑耀斌

编 写 成 员 名 单

主　　编　邵冬亮

副 主 编　陈庆伟　朱元吉　刘　博

编写人员　胥金坤　赵志鹏　王文洋　张召环　王德祥　孙伟兵　李　佳　王　奇　王　健　李　玺　王　龙

　　　　　刘振国　苗文静　滕　驰　于翰芬　李彩红　郭笑晨　李　静　郭　靖　赵维刚　吴　迪　秦舒宇

　　　　　任永一　郭宜果　张春辉　孙启刚　张　草　李享霖　张盛晰　张景嚣　陈相家　孙永鑫　张立杨

　　　　　李利生　金　瑶　王　战　李　迅　刘志鹏　赵　杰　苗领厚

前　言

　　输变电工程一般包括变电站工程和输电线路工程，属于典型的点线工程，其建设过程中不可避免地会对区域环境和地表造成扰动，从而造成环境破坏，引起水土流失。山东省输变电工程建设始终践行"绿水青山就是金山银山"的发展理念，坚定不移地走绿色发展、可持续发展道路，持续强化开展环境保护与水土保持专项设计及一塔一图设计，取得了良好的社会效益和环境效益。随着习近平生态文明思想不断发展，环境保护与水土保持法律法规政策体系持续健全，简审批、强监管、严追责的监管模式全面形成，生产建设单位的主体责任不断强化，对输变电工程建设项目全面落实环境保护与水土保持提出了更高的要求。国网山东省电力公司始终认真贯彻落实环境保护与水土保持要求，坚持同时设计、同时施工、同时投产使用的原则，持续提升环境保护与水土保持理念，贯彻落实环境保护与水土保持各项措施，取得了国家水土保持示范工程等一系列荣誉。

　　为深入贯彻落实习近平生态文明思想，促进黄河流域生态保护和高质量发展战略落实，践行国家电网有限公司"四全两控"环保工作总体要求，推进"绿色设计、绿色施工"，持续提升山东省输变电工程环境保护与水土保持标准化建设质效，国网山东省电力公司建设部组织国网山东省电力公司经济技术研究院，及时总结、完善输变电工程环境保护和水土保持设计方案、施工经验和实施成效，开展了《山东省输变电工程环境保护与水土保持图集》（简称《图集》）编制工作。

　　《图集》针对山东省输变电工程建设中的环境影响和水土流失问题，结合山东省输变电工程建设发展的实践，按照环境保护和水土保持措施差异，针对变电站工程和输电线路工程不同功能，充分考虑地形、土壤、植被类型等不同自然、区域环境条件，提炼深化环境保护与水土保持成功的设计和建设经验，进行了环境保护和水土保持措施典型设计研究绘图，有助于环境保护与水土保持专项设计成果的落地，能够有效指导输变电工程施工现场作业，为山东省输变电工程环境保护和水土保持的建设管理和现场施工提供技术标准支撑。

《图集》将不同的环境保护和水土保持措施加以分类，工作涉及多学科、多门类，是一项综合性的系统工程。输变电工程路线路径长、分布较为分散，区域环境条件复杂多样，环境保护和水土保持措施各不相同。在输变电工程环境保护和水土保持措施设计中，图件编制的质量往往偏低，或规划设计图图件不全，或规划设计仅有文字而没有主要图件。因缺少主要图件，往往造成预算无依据，也给施工带来一定的困难，严重影响了环境保护和水土保持措施设计与施工的质量。本《图集》编写着重于应用新理念、新技术、新材料，力求反映目前环境保护和水土保持措施设计中的关键技术和先进水平，具有较强的代表性和实用性，对输变电工程环境保护和水土保持措施设计具有重要的指导意义。

在《图集》编写过程中，得到了山东省水利厅、山东省生态环境厅等有关领导专家的大力支持，在此一并表示衷心的感谢！由于输变电工程环境保护和水土保持措施类型多、数量大，具体情况又千差万别，因此各单位在参考使用本《图集》的过程中，应特别注意《图集》中规定的适用条件。《图集》编写时间紧、任务重，加之编者水平有限，因此《图集》中难免有不妥和错误之处，敬请广大读者批评指正！

编者

2025 年 3 月

目　录

1 总 则

1.1 目 的 和 意 义

《山东省输变电工程环境保护与水土保持图集》的编制，是全面践行习近平生态文明思想的具体举措，是促进黄河流域生态保护和高质量发展战略落实、践行国家电网有限公司"四全两控"环保工作总体要求的具体体现，是规范输电线路工程环境保护和水土保持设计的实际行动，是完善输变电工程标准化建设的重要组成部分。提炼深化环境保护与水土保持成功的设计和建设经验，有助于环境保护与水土保持专项设计成果的落地，能够有效指导输变电工程施工现场作业，为山东省输变电工程环境保护和水土保持的建设管理和现场施工提供技术标准支撑，进而全面推动山东省输变电工程标准化建设提质增效。

1.2 编 制 依 据

1.2.1 法律法规

（1）《中华人民共和国环境保护法》（2015 年 1 月 1 日起修订施行）。

（2）《中华人民共和国水土保持法》（1991 年 6 月 29 日发布，2010 年 12 月 25 日修订，2011 年 3 月 1 日施行）。

（3）《中华人民共和国大气污染防治法》（2018 年 10 月 26 日起修正施行）。

（4）《中华人民共和国水污染防治法》（2018 年 1 月 1 日修正施行）。

（5）《中华人民共和国噪声污染防治法》（2022 年 6 月 5 日起修正施行）。

（6）《中华人民共和国固体废物污染环境防治法》（2020 年 9 月 1 日起修订施行）。

（7）《建设项目环境保护管理条例》（国务院令第 682 号，2017 年 10 月 1 日起施行）。

（8）《山东省环境保护条例》（2001 年 12 月 7 日第九届山东省人民代表大会常务委员会第二十四次会议修正）。

（9）《山东省水土保持条例》（2024 年 1 月 20 日山东省第十四届人民代表大会常务委员会第七次会议第二次修正）。

1.2.2 规范标准

（1）《工业企业厂界环境噪声排放标准》（GB 12348—2008）。

（2）《声环境质量标准》（GB 3096—2008）。

（3）《地表水环境质量标准》（GB 3838—2002）。

（4）《污水综合排放标准》（GB 8978—1996）。

（5）《电磁环境控制限值》（GB 8702—2014）。

（6）《生产建设项目水土保持技术标准》（GB 50433—2018）。

（7）《生产建设项目水土流失防治标准》（GB/T 50434—2018）。

（8）《水土保持工程设计规范》（GB 51018—2014）。

（9）《生态公益林建设　技术规程》（GB /T 18337.3—2001）。

（10）《耕作层土壤剥离利用技术规范》（TD/T 1048—2016）。

（11）《水利水电工程制图标准　水土保持图》（SL 73.6—2015）。

（12）《输变电项目水土保持技术规范》（SL 640—2013）。

1.2.3 电力文件标准

（1）《国家电网有限公司电网建设项目环境影响评价管理办法》（国家电网基建〔2023〕687 号）。

（2）《国家电网有限公司电网建设项目竣工环境保护验收管理办法》（国家电网基建〔2023〕687 号）。

（3）《国家电网有限公司电网建设项目水土保持管理办法》（国家电网基建

〔2023〕687号）。

（4）《国家电网有限公司电网建设项目水土保持设施验收管理办法》（国家电网基建〔2023〕687号）。

（5）《输变电建设项目环境保护技术要求》（HJ 1113—2020）。

（6）《危险废物识别标志设置技术规范》（HJ 1276—2022）。

（7）《输变电工程环境保护和水土保持专项设计内容深度规定》（Q/GDW 12288—2023）。

（8）《输变电工程生态影响防控技术导则》（Q/GDW 2202—2022）。

（9）《输变电工程水土保持技术规程》（Q/GDW 11970—2023）。

（10）《国网山东省电力公司电网建设项目环境影响评价实施细则》（鲁电建设〔2024〕346号）。

（11）《国网山东省电力公司电网建设项目水土保持管理实施细则》（鲁电建设〔2024〕346号）。

（12）《国网山东省电力公司电网建设项目竣工环境保护验收实施细则》（鲁电建设〔2024〕346号）。

（13）《国网山东省电力公司电网建设项目水土保持设施验收实施细则》（鲁电建设〔2024〕346号）。

1.3 措施总体布设原则

输变电工程存在线路长、分项组成多、影响点位分散等特点，自然环境、植被以及地形条件复杂多变，生态环境及区域人文环境各有特色，生态敏感区域涉及可能性大。工程建设会造成生态环境破坏、地表扰动、植被损毁、水土流失等问题，运行期间电能传输对其周围局部空间会产生电磁环境影响和噪声影响。环境保护与水土保持措施布设的总体原则是：坚持因地制宜、总体设计、全面布局、科学配置的原则；树立人与自然和谐相处的理念，尊重自然规律，注重与自然环境协调，生态效益优先原则；环境保护和水土保持措施与主体工程"同时设计、同时实施、同时投入使用"的原则；经济适用、灵活可行的原则，确保环境保护与水土保持措施可行有效，提升输变电工程环境友好性。

1.3.1 环境保护措施总体布设原则

输变电工程环境保护措施布设遵循预防为主、环境达标、技术成熟、经济合理的原则。为降低输变电工程建设和运行对大气环境、水环境、声环境、生态环境、电磁环境产生的负面影响，确保工程建设和运行满足相关环境保护标准要求，需从生态保护管理和污染防治两方面开展针对性设计，提出植物保护、动物保护、景观保护、生态敏感区保护和大气、水、噪声、电磁、土壤、固体废物、拆迁迹地生态恢复等防治和恢复措施，大力保护生态环境。

1.3.2 水土保持措施总体布设原则

输变电工程水土保持措施总体布局遵循预防为主、保护优先、全面规划、综合治理、因地制宜、突出重点、科学管理、注重效益的方针，坚持水土保持工程必须与主体工程"同时设计、同时施工、同时投产使用"的"三同时"原则，在满足设计深度与主体工程相适应外，做好水土保持措施与主体工程设计相互衔接，综合考虑工程建设时序，合理安排水土保持工程与主体工程建设之间的关系，树立人与自然和谐相处的理念，尊重自然规律，注重措施设计与周边景观相协调的原则。

根据输变电工程建设特点及所处区域水土流失防治目标的要求，充分考虑主体工程设计、工程施工总布置、施工特点和工程完工后的土地利用方向，在水土流失防治分区的基础上，结合主体工程设计中具有的水土保持功能的工程与工程实施进度安排，统筹部署水土保持措施，做到主体工程建设与水土保持方案相结合，永久措施与临时措施相结合，工程措施与植物措施相结合，重点治理与综合防护相结合，治理水土流失和恢复与提高土地生产力相结合，尽量减少项目建设造成的新增水土流失，并有效治理项目区原有水土流失。

水土流失防治措施布设具体原则有：

（1）因地制宜、因害设防、实事求是的原则，结合工程实际和项目区水土流失现状，在布设水土保持措施时，先采取临时性水土保持措施，防治生产建设过程中的水土流失，同时依法治理项目工程防治责任范围内的水土流失，建成一套完整的水土流失防治体系。

（2）通过将表土剥离、排水、拦挡等工程措施，植被恢复等植物措施，以及编织袋装土拦挡、防护苫盖等临时措施相结合，形成有效的水土流失防治体系。

（3）项目建设过程中注意生态环境保护，设置临时防护措施，减少施工过程中的人为扰动和弃渣。

（4）注重生态效益优先原则。工程水土保持措施以控制水土流失、改善生态环境为优先考虑对象。

（5）注重新技术、新工艺、新方法原则。工程水土保持措施要与时俱进，优化施工工艺。

（6）树立人与自然和谐相处的理念，尊重自然规律，注重与自然环境协调的原则，尽可能使用与自然亲和力强的措施设计与结构形式。

1.4 措 施 体 系

1.4.1 环境保护措施体系

1. 变电站工程环境保护措施体系

变电站工程建设会造成站址区域地表扰动、植被损毁等众多环境影响问题，不可避免地对土地资源、植被和植物资源、水资源、野生动物、生态环境敏感区和景观产生一定的影响。运行期间变电站局部空间会产生电磁环境影响和噪声影响。针对变电站工程建设运行过程中可能造成的生态环境影响，环境保护措施采取管理与技术相结合的保护措施，变电站工程环境保护措施体系如图1-4-1所示。

（1）环境保护管理措施。

环境保护管理措施主要包括环境保护宣传教育，工程设计优化，施工组织规划等。环境保护宣传教育包括环境保护培训、宣传栏、宣传册等手段；工程设计优化、施工组织规划工程量包含于主体工程中。

1）环境保护宣传教育。

对变电站施工环境监理人员、施工队按环境影响评价报告要求开展相应的环境保护培训。工程宣传内容中应包括环境保护的内容；加大实施工程环境保护措施的宣传力度，取得变电站周边公众对实施工程的理解和支持，保护周边生态环境。以培训班、宣传册、宣传单、环境保护标语牌或宣传栏等形式对各相关单位工作人员进行环境保护法律法规、标准、规范等知识的宣传，并进行环境保护专项措施的专门培训。让参与建设人员特别注意学习、认识各种保护动物和保护植物，使参与施工的所有人员认识到保护项目区天然植被和野生动物的重要性，能初步认识和辨别项目区内分布的重点保护植物种类及项目区内的野生动物，强化施工人员的环境保护意识，并落实到自身的工程建设实际行动中。

在变电站工程附近醒目位置设置环境保护宣传栏、环境保护大幅标语等，宣传国家环境保护法律法规以及国家电网有限公司、省电力公司相关环境保护理念。发放环境保护宣传册，将环境保护知识、环境保护策划方案等环境保护相关知识印制成册，发放到全体建设人员手中，强化环境保护意识，提升全体建设人员环境保护水平。变电站工程环境保护宣传标识如图1-4-2所示。

2）工程设计优化。

主要是从合理选址、优化总平面布置、优化竖向布置、优化设备选型等方面对变电站工程进行设计方案、设备、位置、施工工艺等方面的优化设计。

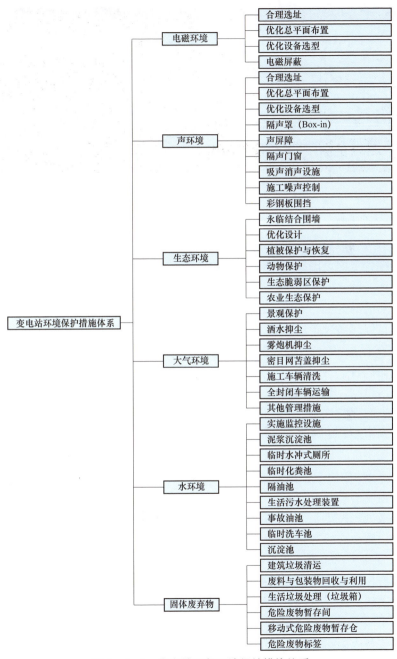

图1-4-1　变电站工程环境保护措施体系

图 1-4-2　变电站工程环境保护宣传标识

　　a. 合理选址。户外变电工程及规划架空进出线选址选线时，应综合考虑减少土地占用、植被砍伐和弃土弃渣等，以降低对生态环境的不利影响。应按终期规模综合考虑进出线走廊规划，避免进出线进入自然保护区、饮用水水源保护区等环境敏感区。应关注以居住、医疗卫生、文化教育、科研、行政办公等为主要功能的区域，采取综合措施，减少电磁和声环境影响。尽量远离电磁环境敏感目标，通过距离衰减，可有效降低工频电场、工频磁场的影响程度。

　　b. 优化总平面布置。按变电站建筑形式，可分为户内、半户内、户外和地下变电站四种。按设备绝缘形式，可分为气体绝缘金属封闭开关设备（GIS）组成的变电站、空气绝缘变电站。对于户内和 GIS 变电站，由于建筑物和金属封闭外壳的屏蔽作用，工频电场基本被屏蔽在内部，只有架空进出线下方存在较高电场强度。电气设备的高压带电部分离地越近或尺寸越大时，地面工频电场的电场强度越高，一般变电站的最大地面工频电场出现在互感器、避雷器或断路器下方；载流导体离地越近或电流越大时，地面工频磁场的磁场强度越高，一般变电站的最大地面工频磁场出现在进出线间隔、断路器、断路器与电流互感器连接处、电抗器等线下或附近；可将上述设备布置在远离站界的站内区域，以降低工频电磁场对站界外环境的影响程度。

　　c. 优化竖向布置。通过设置合理的设计标高，尽量降低土石方挖填量，减少借弃方量，减轻对地表植被和表层土壤的扰动，从而减轻对变电站区域生态环境的破坏。必要时，可采用阶梯式布置。

　　d. 优化设备选型。采用气体绝缘金属封闭开关设备（GIS），选用干式铁心电抗器代替电磁污染较严重的空心电抗器，同时在电抗器室用非导磁材料加以屏蔽，可以降低工频电磁场强度。通过在电气设备端子处设置有多环结构的均

压环，采用扩径耐热铝合金导线作为变电站内跳线，选择合适的设备间连接方式及相应的金具结构等，可以合理地控制载流导体表面的电场强度，降低无线电干扰水平。

　　3）施工组织规划。

　　组织全体施工单位对各自负责标段编制施工组织方案，在评审过程中应从环境保护的角度出发，贯彻如下环境保护原则：施工营地尽量利用已有场地或集中连片，尽量选用无植被地段和稀疏植被区域，减少对区域环境影响；施工道路尽量利用原有施工道路或永临结合，减轻由于新修运输道路对自然环境的破坏；施工时要特别注意施工营地的建设和运输车辆的路径必须严格按照施工规划进行，施工人员要在固定范围内活动；如需设置取弃土场，应采用水土保持方案确定的位置，选在无植被和植被稀少的地带，严格按批复的位置、规模进行施工，严禁侵占河道、湿地、生态敏感区等环境敏感地带，遵循集中堆放的原则，最大限度地减少弃土场数量。

　　（2）环境保护技术措施。

　　环境保护技术措施按照电磁环境、声环境、生态环境、大气环境、水环境以及固体废物等六类环境影响要素分类开展典型设计。

　　电磁环境方面，需采取高压标识牌等措施；声环境方面，需采取施工噪声控制、低噪声设备等措施；生态环境方面，考虑植被、动物、生态脆弱区、农业生态和景观等要素，需采取施工限界、钢板铺垫、迹地恢复等措施；大气环境方面，需采取洒水抑尘、雾炮机抑尘、密目网遮盖抑尘、施工车辆清洗、全封闭车辆运输等措施；水环境方面，需采取临时水冲厕所、临时化粪池、移动式生活污水处理装置、隔油池等措施；固体废物处置方面，需采取永临结合、建筑垃圾运输、包装物回收与利用、施工场地垃圾箱等措施。

　　2. 输电线路工程环境保护措施体系

　　输电线路工程沿线自然环境、植被以及地形条件复杂多变，生态环境及区域人文环境各有特色。工程建设不可避免会造成生态环境破坏、地表扰动、植被损毁等众多环境影响问题，从而对土地资源、植被和植物资源、水资源、野生动物、生态环境敏感区和景观产生一定的影响。运行期间电能传输对其周围局部空间会产生电磁环境影响和噪声影响。为降低线路工程建设和运行产生的负面影响，环境保护措施应采取管理与技术相结合的保护措施，输电线路工程环境保护措施体系如图 1-4-3 所示。

图 1-4-3 输电线路工程环境保护措施体系

（1）环境保护管理措施。

输电线路工程环境保护管理措施与变电站工程类似，但又存在线路长、影响范围广、场地分散、涉及生态敏感因素多的不同特点，其环境保护管理措施要求上也存在不同，同样从环境保护宣传教育，工程设计优化，施工组织规划等角度开展。环境保护宣传教育包括环境保护培训、宣传栏、宣传册等手段；

工程设计优化、施工组织规划工程量包含于主体工程中。

1）环境保护宣传教育。

对环境监理人员、施工队环境保护培训。生态敏感区段按环境影响评价报告、生态敏感区批复意见要求开展相应的培训。工程宣传内容中应包括环境保护的内容；加大本工程环境保护措施的宣传力度，取得输电线路工程沿线公众对本工程的理解和支持，保护周边生态环境。以培训班、宣传册、宣传单、环境保护标语牌或宣传栏等形式对各相关单位工作人员进行环境保护法律法规、标准、规范等知识的宣传，并进行环境保护专项措施的培训。让参与建设人员特别注意学习、认识各种保护动物和保护植物，使所有参与施工人员认识到保护项目区天然植被和野生动物的重要性，初步认识和辨别项目区内分布的重点保护植物种类及项目区内的野生动物，强化施工人员的保护意识，并落实到自身的实际行动中。

在输电线路工程附近醒目位置设置环境保护宣传栏及环境保护大幅标语，宣传国家环境保护法律法规及国家电网有限公司、省电力公司相关环境保护理念。发放环境保护宣传册，将环境保护知识、环境保护策划方案等环境保护相关知识印制成册，发放到全体建设人员手中，对全体建设人员进行宣传教育。输电线路工程环境保护宣传标识如图 1-4-4 所示。

图 1-4-4 输电线路工程环境保护宣传标识

2）工程设计优化。

主要是从合理选线、合理确定对地高度、合理选择导线参数、合理确定塔基位置、优化导线布置方式、优化施工场地布置形式、优化塔基基础型式选择、优化施工工艺等方面对输电线路工程进行设计方案、设备、位置、施工工艺等方面的优化设计。

a. 合理选线。输电线路工程选线时，尽量远离电磁环境敏感目标。通过距离衰减，可有效降低工频电场、工频磁场的影响程度。最大程度避免在会受到电磁干扰的地区建设工程，线路路径的选择需要参考当地城市规划、社会生产、居民生活等因素。同一走廊内的多回输电线路，宜采取同塔多回架设、并行架设等形式，减少新开辟走廊，优化线路走廊间距，降低环境影响。新建城市电力线路在市中心地区、高层建筑群区、市区主干路、人口密集区、繁华街道等区域应采用地下电缆，减少电磁环境影响。330kV及以上电压等级的输电线路出现交叉跨越或并行时，应考虑其对电磁环境敏感目标的综合影响。

b. 合理确定对地高度。输电线路线下的工频电场、工频磁场与导线对地高度密切相关。增加导线的架设高度，可增加电磁场在空间的衰减距离，降低地面上方的工频电场强度和工频磁感应强度。由于输电线路在一个档距内有着较为明显的弧垂特性，因此在档距中央存在较高的工频电场和工频磁场，其他位置的导线高度大于档距中央导线的对地高度，工频电场和工频磁场较小。随着导线高度逐渐增加，通过增加导线高度对减小地面工频电场强度和工频磁感应强度的效果将逐渐减弱。增加导线对地高度，可降低输电线路下的工频电场和工频磁场水平。

c. 合理选择导线参数。增加导线分裂数、分裂间距和子导线直径均可使分裂导线的等效半径增加，从而增大导线自电容和与其他导线之间的互电容，从而使得导线上的总电荷量增加，最终增大地面工频电场强度。因此，在保证输电容量的前提下，可通过合理选择导线参数，降低线下的地面工频电场。

d. 优化导线布置形式。对于单回路输电线路，按其导线布置方式可分为水平排列、正三角形排列和倒三角形排列三种方式。当相导线最小高度相同时，倒三角形排列布置下线下地面工频电场强度和工频磁感应强度最小、走廊宽度最小。多条单回线路较同塔多回线路投资低，但线路占用走廊宽度较大。因此可根据线路所经区域电磁环境的敏感性，优化线路型式。对于相导线按垂直方式布置的同塔双回输电线路，共有六种相序布置方式。当相导线按逆相序方式布置时，线下地面工频电场强度幅值最小，走廊宽度最小。因此，对于同塔多回线路的导线布置方式，通过优化相序可降低线下的地面工频电场。线路在交叉跨越公路及其他输电线路时，分别按有关设计规程、规定的要求，在交叉跨越段留出充裕的净高，以控制地面最大场强，使线路运行时产生的电场强度对交叉跨越对象无影响。

3）施工组织规划。

组织各施工单位对各自负责标段进行施工组织方案编制，在评审过程中应从环境保护的角度出发，注意如下原则：施工营地尽量利用已有场地；工地运输尽量利用原有施工道路，减轻由于新修运道路对自然环境的破坏；各项临时用地尽量选用无植被地段和稀疏植被地段，尽量远离各种特殊景观、特殊敏感区、宗教活动场地、湿地、动物栖息地及重要通道等地段，线路尽量避开附近的生态敏感区，施工时要特别注意施工营地的建设和运输车辆的路径必须严格按照施工规划进行，施工人员要在固定范围内活动，固定行进线路，尽量避免林木砍伐，确实不能避开的树木应考虑移栽或在当地相关部门书面许可后再砍伐；如需设置取弃土场，应采用水土保持方案确定的位置，选在无植被和植被稀少的地带，严格按批复的位置、规模进行施工，严禁侵占河道、湿地、生态敏感区等环境敏感地带，遵循集中堆放的原则，最大限度地减少弃土场数量。

（2）环境保护技术措施。

输电线路工程环境保护技术措施应从电磁环境、声环境、生态环境、大气环境、水环境以及固体废物等六类环境影响要素的防治分类开展典型设计，形成输电线路环境保护措施体系。

电磁环境方面，需采取抬高导线、高压标识牌等措施；声环境方面，需采取施工噪声控制、低噪声设备等措施；生态环境方面，考虑植被、动物、生态脆弱区、农业生态和景观等要素，需采取施工限界、彩条布隔离与铺垫、钢板铺垫、孔洞盖板、人工鸟窝、迹地恢复等措施；大气环境方面，需采取洒水抑尘、雾炮机抑尘、密目网遮盖抑尘、施工车辆清洗、全封闭车辆运输等措施；水环境方面，需采取泥浆沉淀池等措施；固体废物方面，需采取永临结合、建筑垃圾运输、包装物回收与利用、设置施工场地垃圾箱等措施。

1.4.2 水土保持措施体系

输变电工程水土保持措施体系的配置与工程组成、地形条件、土壤质地以及植被类型等因素密切相关。

变电站工程水土流失防治分区一般包括变电站区、进站道路区、站外排水设施区、施工生产生活区和站用电源区等。施工准备期"五通一平"进行地表清理、土石方挖填、场地平整以及管沟开挖回填等工作，破坏了原地表植被，对地表产生扰动，从而产生水土流失。施工期内需要进行大量的基础开挖、管沟开挖和土方运移、堆存、回填等，土体结构发生剧烈变化，水土流失影响比较严重。施工后期场地恢复阶段对上述活动造成的地表扰动进行整治，临时用地恢复植被等。

输电线路工程水土流失防治分区一般包括塔基区（含塔基施工区）、牵张场区、跨越施工区、施工道路区等。施工准备期塔基区（含塔基施工区）进行地表清理、土石方挖填、场地平整，牵张场区、跨越施工区一般需要地表清理、场地平整，施工道路需先行建设以满足施工通行需求，也需要地表清理、土石方挖填、路基填筑、路面铺筑等工作。施工期内，塔基区需进行基础开挖和土方运移、堆存、回填等，土体结构发生剧烈变化，水土流失影响比较严重。施工后期场地恢复阶段对上述活动造成的地表扰动进行整治，恢复植被等。

考虑山东省输变电工程各分项工程组成建设扰动特点及区域实际情况，按照"分片集中治理、分单元控制"的方式，建立工程措施、植物措施和临时措施相结合的综合防治体系，达到全过程控制水土流失、恢复和改善生态环境的目的，形成平原区变电站、山丘区变电站、平原区输电线路和山丘区输电线路4个水土保持措施体系。

（1）平原区变电站工程水土保持措施体系。

平原区地形平坦，占地一般以耕地、园地、林地、草地等为主，水土保持措施布设应重点关注对耕植土的保护，做好表土剥离、表土回覆及耕地恢复等工作，最大程度地降低施工建设对农业生产的影响。基础开挖、场地平整、回填前，对于占用的耕地、园地、林地、草地应首先进行表土剥离，剥离范围及厚度应根据施工扰动范围内土层结构、土地利用现状和施工方法确定；堆存的表土应采取防护措施，施工结束后，应将表土回覆到绿化或复耕区域。着重做好径流拦蓄排放以及与区域排水体系的衔接，实施好排涝系统。合理布设植物措施。注重做好覆盖、拦挡、沉沙等施工临时防护措施。施工后期恢复阶段，注意施工生产生活区整治恢复。平原区变电站工程水土保持措施体系如图1-4-5。

（2）山丘区变电站工程水土保持措施体系。

山丘区变电站站址一般处于坡地，措施布设要求总体上与平原区变电站相似，但在做好一般防护措施的基础上，要着重做好场地平整和径流拦蓄方面的措施，包括开挖坡面防护，填筑区域挡墙，上游来水截水沟，下游排水沟与区域排水体系的衔接。山丘区变电站工程另一个重点区域是进站道路，要做好边坡防护、截排水工程和植被措施。山丘区变电站工程水土保持措施体系如图1-4-6。

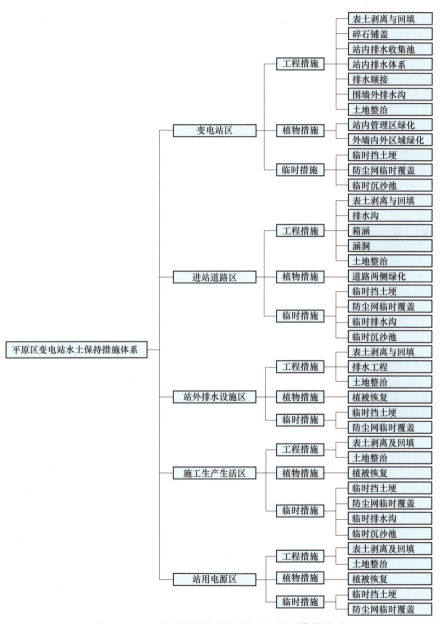

图1-4-5 平原区变电站工程水土保持措施体系

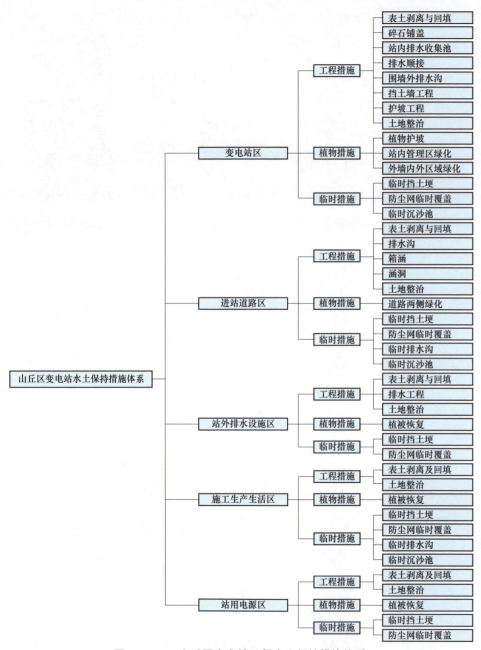

（3）平原区输电线路工程水土保持措施体系。

平原区输电线路工程占地主要为农耕区，水土保持措施布设重点同样是对耕植土的保护，做好表土剥离、表土回覆及耕地恢复等工作，最大程度地降低施工建设对农业生产的影响。注意采用彩条带等做好施工范围控制，避免随意扩大扰动占地范围；关注临时堆土的拦挡苫盖以及泥浆沉淀池的合理设置，防止堆土或弃浆随地表径流汇入河网，污染水质，淤积水道；适于恢复植被的区域注意植物措施种类选择，避免对输电线路安全造成影响。平原区输电线路工程水土流失防治措施见图 1−4−7。

图 1−4−7　平原区输电线路水土保持措施体系

图 1−4−6　山丘区变电站工程水土保持措施体系

（4）山丘区输电线路工程水土保持措施体系。

山丘区地表起伏大，地形陡峭，坡度较大，上覆土层薄，部分风化岩裸露破碎，稳定性较差，在集中雨水作用下，容易发生崩塌、滑坡和泥石流等灾害，造成水土流失。塔基区施工场地平整和施工道路施工拦挡措施不完善，极易形成顺坡溜渣，产生大面积严重水土流失，水土保持措施布设要加强填方边坡和临时堆土的拦挡措施，制定合理的余土处理方式，防止发生顺坡溜渣。当塔基施工区和施工道路等存在上游开挖边坡时，施工扰动易导致边坡失稳，要做好边坡防护措施。基坑开挖回填导致周围土层较为疏松，要结合现场地形地势设置有效的截排水措施，并做好与下游原有排水系统的衔接，防止雨水冲刷造成水土流失。为使塔基施工区、施工道路等区域植被尽快恢复，动土区域应做好表土剥离和表土回覆。山丘区输电线路工程水土流失防治措施见图1-4-8。

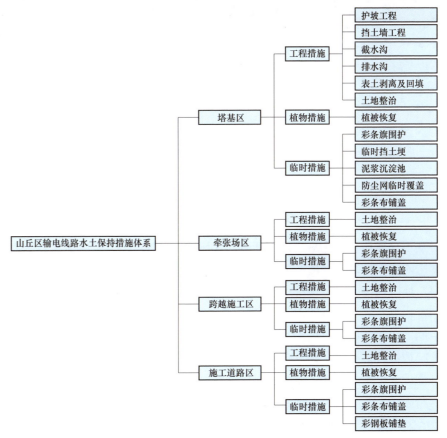

图1-4-8　山丘区输电线路水土保持措施体系

2 变 电 部 分

2.1 变电站环境保护措施设计

从电磁环境、声环境、生态环境、水环境、大气环境以及固体废物等六类环境影响要素的防治分类开展典型设计。

2.1.1 变电站电磁环境保护措施

变电站运行时各种交流带电导体上的电荷和在接地架构上感应的电荷会在空间产生工频电场。由于变电站内交流带电导体纵横交错,交流带电设备和接地架构多种多样,结构及布置复杂,因此,变电站的工频电场是一个复杂的三维场。变电站的母线、连线和变压器、电抗器等交流载流导体会在其周围产生工频磁场。变电站的工频磁场分布和大小主要与载流导体分布以及电流大小有关。变电站内交流载流导体纵横交错,空间某位置的工频磁场是由多方向的磁场叠加而成的,因此站内空间工频磁场同样为复杂的三维场。变电站电磁环境影响防治设计主要是在合理选址、优化总平面布置、优化设备选型的基础上,做好高压警示和电磁屏蔽等。

1. 高压警示

在合适的位置,设置醒目的高压标识牌,以警示防止触电的危险。变电站高压警示标识如图2-1-1所示。

2. 电磁屏蔽

电磁屏蔽是隔绝或衰减环境的电磁场,是以金属隔离的原理来控制电磁干扰由一个区域向另一区域感应和辐射。根据屏蔽原理,较常用的屏蔽材料有铜板、铜箔、铝板、铝箔、钢板或金属镀层、导电涂层等。变电站建筑屏蔽网根据建筑物的结构形式可分为非钢结构和钢结构两种形式。

图2-1-1 变电站高压警示标识

(1)非钢结构建筑屏蔽网。

非钢结构是指钢筋混凝土框架填充墙结构或砖混结构,变电站主、辅控楼及交、直流就地继电器室建筑基本采取这类结构形式,一般情况下,钢筋混凝土或砖混结构的建筑物能起到一定的自然屏蔽作用,建筑物所用钢筋多、钢筋分布呈网状,则屏蔽效果较好。钢筋混凝土或砖混结构的建筑物屏蔽网的布置形式有室内、室外两种。屏蔽网布置在室内,就是把屏蔽网先敷在室内的墙、楼地面和天花板上,然后再做抹灰或面层覆盖,适合于单个房间独立设置屏蔽网;屏蔽网布置在室外,是指沿整栋建筑的外表面(外墙、屋面)和地面敷设屏蔽网,然后做面层,从而把整栋建筑物做成屏蔽体。当一栋建筑里的大部分房间需要屏蔽,且建筑内部的房间没有干扰源,内部设备房之间不会互相干扰时,屏蔽网一般布置在室外。

(2)钢结构建筑屏蔽网。

户外变电站其他屏蔽措施多采用单层钢结构,承重体系为钢柱、钢梁或钢屋架，围护结构墙、屋面均采用压型钢板，地面一般为混凝土垫层加面层。钢结构建筑地面以上部分的屏蔽一般是在墙面、屋面采用双层（内外层）复合压型钢板，然后在这两层钢板之间夹一层镀锌钢丝网或铜丝网，保证地面钢筋网与地面以上的钢架、钢板、钢丝网充分连接，组成六面屏蔽金属体，最后再通过多处接地引下线与地网连接。户外变电站电磁屏蔽网示意图如图2-1-2所示。

图2-1-2　户外变电站电磁屏蔽网示意图

2.1.2　变电站声环境保护措施

变电站工程声环境影响主要发生在施工期和运行期，其中施工期主要是施工机械产生的噪声；运行期主要是变压器、电抗器、电容器、风机等设备运行时产生的噪声。施工期噪声应满足《建筑施工场界环境噪声排放标准》（GB 12523—2011）的要求。变电站噪声控制在合理选址、优化站区总平面布置、优化设备选型的基础上，合理配置隔声罩、围挡降噪、声屏障、隔声门窗、吸声消声设施等降噪设施及施工噪声控制措施。

1. 优化设备选型

优选低噪声设备；对于声源上无法根治的噪声，应采取隔声、吸声、消声、防振、减振等降噪措施，确保厂界排放噪声和周围声环境敏感目标分别满足《工业企业厂界环境噪声排放标准》（GB 12348—2008）和《声环境质量标准》（GB 3096—2008）的要求。

2. 隔声罩

隔声罩是噪声控制工程中经常采用的技术措施，适用于户外变电站的独立强声源，如主变压器、电抗器等设备的降噪。是一种把变压器、电抗器等设备本体封闭起来的隔声装置。

3. 围挡降噪

在变电站周围设立实体围墙、声屏障等围挡措施，尽量减少施工后变电站运行噪声对周围声环境的影响。变电站内变压器和电抗器周围的防火墙，也可看成是一种砖混结构的隔声屏障。实体围墙围挡降噪如图2-1-3所示；主变压器声屏障降噪如图2-1-4所示。

图2-1-3　实体围墙围挡降噪

图2-1-4　主变压器声屏障降噪

4. 隔声门窗

对室内变压器和地面电容器室等可采用加装隔声门及隔声窗，以阻止室内噪声向外传播。一般可采用声子晶体复合型声学超材料隔声大门，声子晶体复合型声学超材料能够实现低频范围特定频率下（如200Hz和300Hz）高效隔声。

5. 吸声、消声设施

变电站工程可采用的吸声、消声设施主要包括内墙壁消声室等级吸声体、变压器散热器加装矩阵式消声器、变压器室外墙安装吸声体、变压器加装动力消声止振装置、地下室进/出风口加装高性能消声器等降噪措施。

6. 施工噪声控制

施工场地周围应尽早建立围栏等遮挡措施，尽量减少施工噪声对周围声环境的影响；运输材料的车辆进入施工现场严禁鸣笛；夜间施工需取得县级生态环境主管部门的同意，并公告附近居民，禁止使用高噪声的机械设备，禁止在居民区实施夜间打桩等作业。施工过程中厂界环境噪声排放应满足《建筑施工场界环境噪声排放标准》（GB 12523—2011）中的要求。

2.1.3 变电站生态环境保护措施

变电站工程建设的永久和临时占地对植被、动物、土地资源和生态敏感区可能产生一定不利影响。建设期影响途径主要来自于土建施工、材料运输、设备安装，运行期影响途径主要来自于工程永久占地。生态保护措施主要包括植物保护措施、动物保护措施、生态敏感区保护措施、农业生态保护措施、景观保护措施等。植物保护措施主要包括设置施工区隔离和恢复，基本包含于水土保持典型专项设计中；动物保护措施主要为在基坑周边设置拦挡，根据线路经过区域生物多样性程度确定；景观保护措施、生态敏感区保护措施主要包含宣传教育、植被保护、施工组织优化等。具体的保护措施设计如下：

1. 植物保护

变电站建设工程应明确要求施工人员提高环境保护意识，保护植被，禁止随意砍伐灌木、随意割草、随意采药等活动。严格开展变电站施工组织设计，禁止在生态功能退化严重或植被覆盖度高的地块设置施工生产生活场地。设置围栏，严格界定施工作业范围，严格控制施工临时占地，尽量减少施工扰动面积，减少植被破坏。禁止采挖、破坏国家野生保护植物，施工过程如遇国家野生保护植物应设置围栏进行保护。彩钢围栏应连续不间断，现场焊接部件位应正确，无假焊、漏焊，施工过程中应定期检查限界措施的完整性，破损时应及时更换或修补。

针对不同区域，设计不同植被恢复措施。施工结束后，对站前区进行土地整治并绿化；对施工生产生活区和施工电源线区进行土地整治，回覆表土，恢复原有土地利用类型。

围栏示意如图2-1-5。

图2-1-5　围栏示意图

2. 动物保护

山东省居民居住密度较大，一般变电站站址不会涉及野生动物。若有涉及，环境保护措施设计应明确要求施工人员进入施工现场前，进行野生动物保护的相关宣传、教育，强化保护野生动物的意识。在施工现场设置警示牌和宣传牌，提醒施工人员和过路人员保护野生动物。同时要求加强施工人员的管理，禁止对变电站施工区附近野生动物进行人为干扰和违法捕杀。根据野生动物活动规律，合理规划协调施工工期，严格施工作业范围，控制施工噪声，最大限度降低对野生动物捕食、繁殖活动的影响。

3. 生态敏感区保护

变电站选址应避开生态敏感区，特殊情形确实需要在生态敏感区设立站址的，设计要最大限度优化总平面布置，减少变电工程占地面积；施工阶段，应尽量减少临时用地，严格施工组织管理，划定施工作业范围，最大限度减少施工扰动；施工结束后，积极采取植被恢复及生态抚育措施。

4. 农业生态保护

变电站建设项目要最大限度优化总平面布置，减少耕地占用；施工阶段，保存站址开挖处熟化土和表层土，将表层熟土和生土分开堆放，临时堆土堆放至田埂或田头边坡，回填时按照土层顺序实施；扰动程度小的区域，可考虑彩条布隔离保护。在进行彩条布隔离保护施工时，彩条布铺垫前应将场地内石块清理干净，彩条布设铺设应平整，并适当留有变形余量。施工时应注意检查彩条布是否有洞或破损。正常情况下，坡面铺垫时不能有水平搭接。施工结束后及时撤离彩条布，并妥善处理，避免二次污染。

施工期临时用地应永临结合，优先利用荒地、劣地；施工占用耕地、园地、林地和草地，应做好表土剥离、分类存放和回填利用。施工临时道路应尽可能利用机耕路、现有道路，新建道路应严格控制道路宽度。施工结束后，应及时清理施工现场，因地制宜进行土地功能恢复，占用耕地的进行土地复垦，恢复耕地。彩条带隔离保护、表土彩条布防护图如图2-1-6所示。

图2-1-6 彩条带隔离保护、表土彩条布防护图

5. 景观保护

施工场地和施工营地的选址避开特殊景观区域，并尽量减小占地面积。施工过程中，施工人员和机械在规定区域进行施工活动，生活垃圾和建筑垃圾集中收集处理，不得随意抛撒。施工结束后，及时恢复原有地貌，及时进行各类大临时占地的植被恢复，达到与周边自然环境的协调，消除对自然生态景观的视觉污染，恢复到或接近原有自然生态景观。

2.1.4 变电站大气环境保护措施

变电站施工现场的扬尘主要来源于土方挖掘、物料运输和使用、施工现场内车辆行驶等。由于扬尘源多且分散，源高一般在15m以下，属于无组织排放。同时，受施工方式、设备、气候等因素制约，产生的随机性和波动性较大。为尽量减少施工期扬尘对大气环境的影响，施工期应采取监控设施、洒水抑尘、雾炮机或雾炮车抑尘、喷雾带抑尘、密目网苫盖抑尘、施工车辆清洗、全封闭运输车辆等防治措施。

1. 监控设施

在施工现场布设扬尘在线监测系统，对项目区扬尘状况进行实时监控。环境监控设施如图2-1-7所示。

图2-1-7 环境监控设施

2. 洒水抑尘

可采用洒水车等在施工道路或施工场地的各起尘作业点采取洒水抑尘。施工现场主要道路落实道路保洁洒水等有效措施，做到不泥泞、不扬尘。对开挖作业区适当喷水保证地面具有一定湿度，减少粉尘产生。

3. 雾炮机、雾炮车、喷雾带抑尘

在施工道路、大面积施工场地周边可采取雾炮机、雾炮车、喷雾带抑尘。大面积施工场地应优先建设围墙，施工场地应设置硬质围挡，并在围墙或围挡上方布设喷雾抑尘系统。雾炮车、雾炮机如图2-1-8所示，喷雾带如图2-1-9所示。

图2-1-8 雾炮车、雾炮机

图 2-1-9　喷雾带

图 2-1-11　临时洗车沉淀池

4. 密目网苫盖抑尘

施工现场产生的土方、渣土及裸露地表区域应采取覆盖，临时堆土覆盖达100%，遇有四级风以上天气不得进行土方回填、转运以及其他可能产生扬尘污染的施工。密目网的目数不宜低于2000目。密目网苫盖如图2-1-10所示。

图 2-1-10　密目网苫盖

5. 施工车辆清洗

在施工场地出入口设置必要的洗车池并配套冲洗水沉淀池，避免车辆出入工地携带泥沙对外部环境造成影响，有效防止洗车水对水环境造成污染。临时洗车沉淀池如图2-1-11所示。

6. 全封闭运输车辆

渣土、土石方及建筑材料等运输必须采用密闭汽车，防止沿途洒漏。全封闭运输汽车如图2-1-12所示。

图 2-1-12　全封闭运输汽车

7. 施工道路硬化或钢板铺盖等

施工现场主要道路必须进行硬化处理，临时道路因地制宜地采用钢板铺盖或彩条布隔离。临时道路硬化及钢板铺盖如图2-1-13所示。

图 2-1-13　临时道路硬化及钢板铺盖

2.1.5　变电站水环境保护措施

变电站工程水污染源主要包括站区雨水、生活污水、施工废水以及含油废水等。生活污水主要来自于施工期施工人员的生活排水。施工生产废水主要在设备清洗、物料清洗、进出车辆清洗及建筑结构养护等过程中产生。施工期间应加强管理，做好污水防治措施。禁止向水体排放、倾倒垃圾、弃土、弃渣，禁止排放未经处理的钻浆等废弃物，确保水环境不受影响。变电站水环境保护措施主要有移动厕所、生活污水处理装置、事故油池、隔油池、化粪池、泥浆沉淀池、用油设备漏油防护等。

1. 移动厕所或临时水冲式厕所

在变电站施工生产生活区设置移动厕所或临时水冲式厕所。移动厕所应围绕施工区均匀布置，每个移动厕所设置 2 个坑位，移动厕所的个数及容积应根据施工人员的多少进行调整，以满足现场施工人员的需要。临时水冲式厕所，每 25 人设置一个坑位，超过 100 人时，每增加 50 人设置一个坑位，男厕设 10 个坑位，女厕设 1 个坑位。移动厕所如图 2-1-14 所示。

图 2-1-14　移动厕所

2. 生活污水处理装置

变电站应同步建设生活污水处理设备。生活污水处理设备前端宜设置化粪池、污水调节池，设备后端应设置污泥池和污水池，污水池后可设消毒池。前端污水调节池和后端污水池容积应满足冬季储水量要求，环境低于 0℃时，应采取防冻措施。埋地式生活污水处理装置如图 2-1-15 所示。

图 2-1-15　埋地式生活污水处理装置

3. 事故油池

用于事故状态下变电站变压器、电抗器等含油设备产生废油的处置。一旦变电站变压器、电抗器等含油设备发生事故时，所有的外泄绝缘油或油水混合物将渗过卵石层，经排油槽收集，通过事故排油管道排至事故油池。变电工程在施工过程中应同步建设事故油池，事故油池的个数和容积大小应满足相关设计规程要求。在注油期间设置临时围堰，铺设吸油毡，预防油泄漏风险。

4. 隔油池

适用于施工生活区食堂餐饮废水的处理处置。可采用不锈钢成套设备，应符合《餐饮废水隔油器》（CJ/T 295）的规定。设备构件、管道连接处应做好密封，防止渗漏。应定期清理废油，废油交由资质单位进行处理处置。

5. 化粪池

适用于变电站工程施工期施工人员生活污水的处理。可采用成品玻璃钢化粪池、砌筑化粪池，并进行防渗处理。施工工地附近有市政排水管网时，化粪池出水可以排放到市政管网；当施工工地附近无市政排水管网时，需要在工地设置生活污水处理装置，处理后的生活污水进行回用。化粪池的进出口应做污水窨井，并应采取措施保证室内外管道正常连接和使用。应定期清掏，及时转运，不得外溢。钢罐化粪池、混凝土化粪池如图 2-1-16 所示。

图 2-1-16　钢罐化粪池、混凝土化粪池

6. 泥浆沉淀池

适用于变电站施工期场地冲洗、建材冲洗、混凝土养护等产生的泥浆废水的处理处置。应符合《水利水电工程沉沙池设计规范》（SL 269）的要求。泥浆池、沉淀池开挖后，须进行平整、夯实；为防池壁坍塌，池顶面需密实。泥浆池四周及底部应采取防渗措施。必要时，可采用砌砖结构。应及时清除泥浆池内泥浆及沉渣，废泥浆用罐车送到指定的处理中心进行处理或回填、压实、填埋。泥浆沉淀池如图 2-1-17 所示。

图 2-1-17　泥浆沉淀池

7. 用油设备漏油防护

针对用油设备漏油问题，可以采取以下措施：更换密封件，防止漏油发生。通过调整工作参数、更换供油系统等方式来降低压力，避免漏油发生；如果由于设备的结构损坏、零部件断裂等问题导致漏油，需要及时对设备进行维修或更换零部件，以保证设备能够正常工作；在临时无法修复设备时，可以使用防漏剂来防止油品泄漏，并形成保护层，防止油品扩散和污染。还应该采取定期检查设备、做好设备维护、使用优质油品等预防措施。施工过程中，可以采用隔油垫、吸油毡等，防止意外漏油对施工作业区域造成污染。

2.1.6　变电站固体废物处理措施

变电站工程固体废物产生在施工期和运行期。施工期固体废物主要为建筑垃圾和生活垃圾，其中建筑垃圾指建设单位、施工单位在新建、改建、扩建和拆除各类建筑物、构筑物、管网等过程中所产生的弃土、弃料、碎砖瓦、废沥青、废旧管材等其他废弃物。运行期固体废物主要为废铅酸蓄电池、废矿物油和生活垃圾。施工过程中产生的土石方、建筑垃圾、生活垃圾应分类集中收集，并按国家和地方有关规定定期进行清运处置，施工完成后及时做好迹地清理工作。运行过程中产生的变压器油、高压电抗器油等矿物质应进行回收处理。废矿物油和废铅酸蓄电池作为危险废物应交由有资质的单位回收处理，严禁随意丢弃。

1. 建筑垃圾清运

及时清运工程施工过程中产生的建筑垃圾，清运过程中采取遮盖或密闭措施，其中废金属、废塑料、废包装物等可回收物品由建设单位统一分类回收，混凝土块、碎石块、废砂浆等不可回收建筑垃圾集中收集后按照主管部门的规定，经批准的时间、路线，统一运至市政指定地点处理。

2. 垃圾箱及生活垃圾处理

施工生产区、办公区和生活区以及运行期的变电站内应放置分类垃圾箱，垃圾箱的数量、大小应根据现场实际情况设定，施工人员产生的生活垃圾定期集中收集后运至城镇垃圾收集点统一处理，保证施工场地及周边环境整洁，防止垃圾运输过程中遗散。分类垃圾箱如图 2-1-18 所示。

图 2-1-18　分类垃圾箱

3．废料及包装物处置

施工期产生的废料和包装废弃物，其中废料包括加工废料、废旧工器具、废旧橡胶塑料产品等；包装废弃物包括废弃玻璃瓶、金属桶、罐子、塑薄膜袋、纸箱、纸盒等。根据用途与材料的不同分为可回收和不可回收类，应分别收集、存放。可回收物品由建设单位统一分类回收，可回用的包装物应优先回用于工程，二次利用，不造成资源浪费，不能回收物品的宜委托有资质单位回收，做资源化处理。

4．危险废物处置

运行过程中产生的废铅酸蓄电池及废矿物油应设置危废暂存间暂存。完整废铅蓄电池应按型号和规格分类装入耐酸的容器或托盘内正立，可将容器或托盘放在有足够承重量货架上，并做好标识，防止正负极短路；电池贮存容器或托盘应根据废铅蓄电池的特性设计，不易破损、变形，其所用材料能有效地防止渗漏、扩散，并耐酸腐蚀，必须粘贴危险废物标签。破损的废铅蓄电池应装入耐酸的封闭容器内单独存放，泄漏的液体放入专门收集容器，必须粘贴危险废物标签。废矿物油暂存应使用密封防渗漏专用金属容器，按油号分类储存。容器应置于金属、塑料或其他防腐蚀材料托盘上，并做好标识。废矿物油暂存设施应远离火源和热源，并避免高温和阳光直射。已盛装废矿物油的容器应密封，并留有足够的膨胀余量，预留容积不少于总容积的 5%，应设置呼吸孔，防止气体膨胀，并安装防护罩，防止杂质落入，必须粘贴危险废物标签。

2.2　变电站水土保持措施设计

2.2.1　变电站水土保持措施总体布设

总平面布设图及断面布设图如图 2－2－1～图 2－2－10 所示。

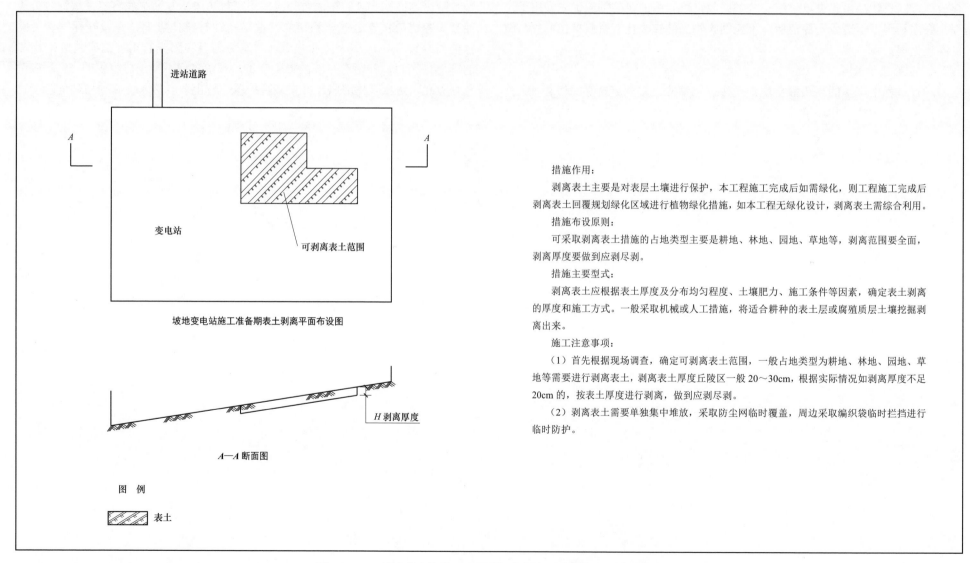

坡地变电站施工准备期表土剥离平面布设图

A—A 断面图

图　例

表土

措施作用：

剥离表土主要是对表层土壤进行保护，本工程施工完成后如需绿化，则工程施工完成后剥离表土回覆规划绿化区域进行植物绿化措施，如本工程无绿化设计，剥离表土需综合利用。

措施布设原则：

可采取剥离表土措施的占地类型主要是耕地、林地、园地、草地等，剥离范围要全面，剥离厚度要做到应剥尽剥。

措施主要型式：

剥离表土应根据表土厚度及分布均匀程度、土壤肥力、施工条件等因素，确定表土剥离的厚度和施工方式。一般采取机械或人工措施，将适合耕种的表土层或腐殖质层土壤挖掘剥离出来。

施工注意事项：

（1）首先根据现场调查，确定可剥离表土范围，一般占地类型为耕地、林地、园地、草地等需要进行剥离表土，剥离表土厚度丘陵区一般 20～30cm，根据实际情况如剥离厚度不足 20cm 的，按表土厚度进行剥离，做到应剥尽剥。

（2）剥离表土需要单独集中堆放，采取防尘网临时覆盖，周边采取编织袋临时拦挡进行临时防护。

图 2－2－1　坡地变电站施工准备期水土流失防治措施总平面布设图

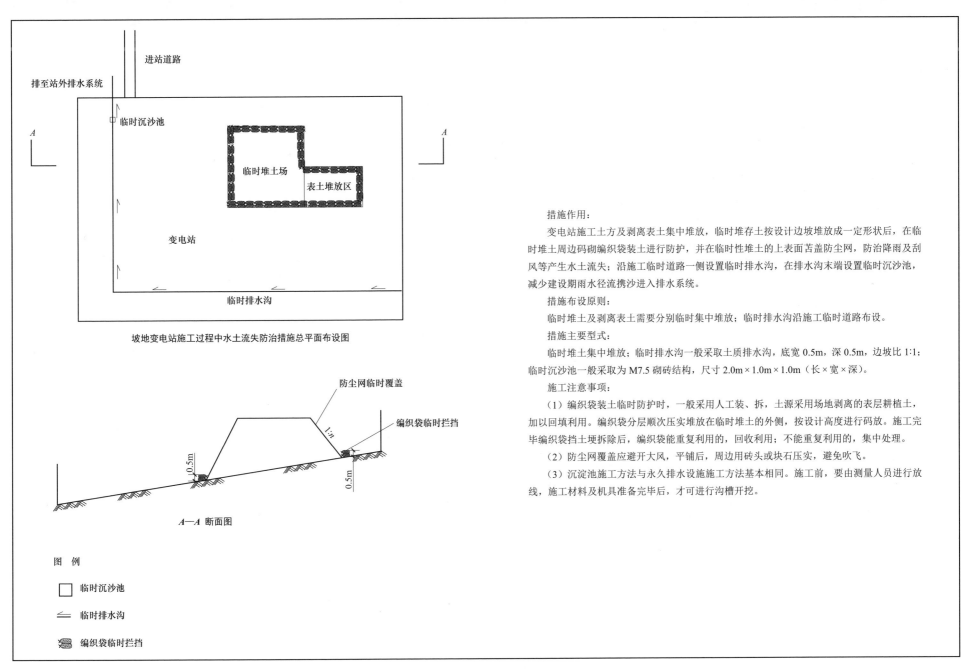

坡地变电站施工过程中水土流失防治措施总平面布设图

A—A 断面图

图　例

　□　临时沉沙池

　⇐　临时排水沟

　▨　编织袋临时拦挡

措施作用：

变电站施工土方及剥离表土集中堆放，临时堆存土按设计边坡堆放成一定形状后，在临时堆土周边码砌编织袋装土进行防护，并在临时性堆土的上表面苫盖防尘网，防治降雨及刮风等产生水土流失；沿施工临时道路一侧设置临时排水沟，在排水沟末端设置临时沉沙池，减少建设期雨水径流携沙进入排水系统。

措施布设原则：

临时堆土及剥离表土需要分别临时集中堆放；临时排水沟沿施工临时道路布设。

措施主要型式：

临时堆土集中堆放；临时排水沟一般采取土质排水沟，底宽 0.5m，深 0.5m，边坡比 1:1；临时沉沙池一般采取为 M7.5 砌砖结构，尺寸 2.0m×1.0m×1.0m（长×宽×深）。

施工注意事项：

（1）编织袋装土临时防护时，一般采用人工装、拆，土源采用场地剥离的表层耕植土，加以回填利用。编织袋分层顺次压实堆放在临时堆土的外侧，按设计高度进行码放。施工完毕编织袋挡土埂拆除后，编织袋能重复利用的，回收利用；不能重复利用的，集中处理。

（2）防尘网覆盖应避开大风，平铺后，周边用砖头或块石压实，避免吹飞。

（3）沉淀池施工方法与永久排水设施施工方法基本相同。施工前，要由测量人员进行放线，施工材料及机具准备完毕后，才可进行沟槽开挖。

图 2-2-2　坡地变电站施工过程中水土流失防治措施总平面布设图

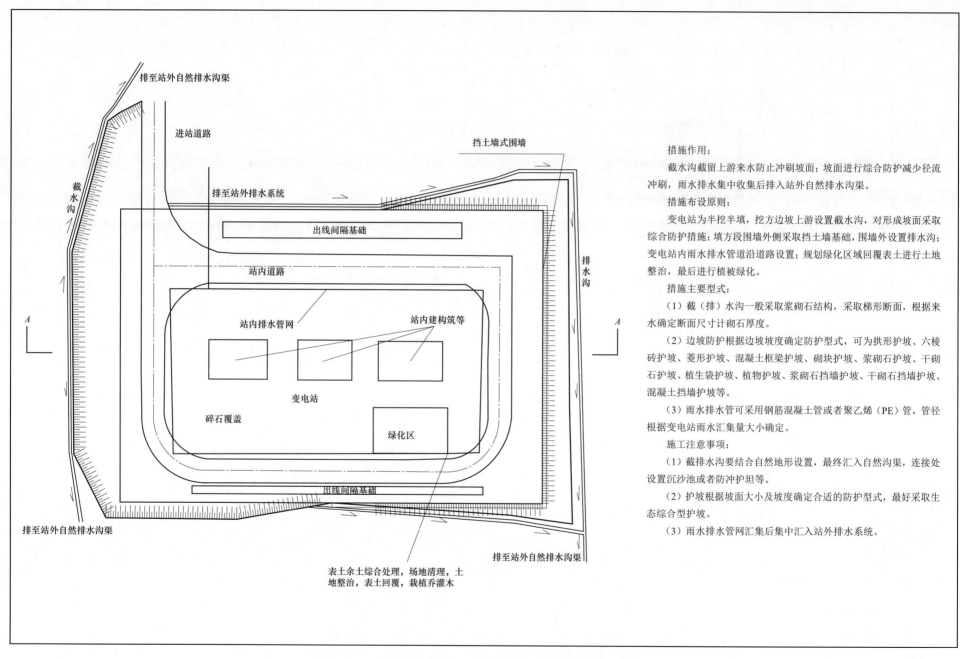

措施作用：

截水沟截留上游来水防止冲刷坡面；坡面进行综合防护减少径流冲刷，雨水排水集中收集后排入站外自然排水沟渠。

措施布设原则：

变电站为半挖半填，挖方边坡上游设置截水沟，对形成坡面采取综合防护措施；填方段围墙外侧采取挡土墙基础，围墙外设置排水沟；变电站内雨水排水管道沿道路设置；规划绿化区域回覆表土进行土地整治，最后进行植被绿化。

措施主要型式：

（1）截（排）水沟一般采取浆砌石结构，采取梯形断面，根据来水确定断面尺寸计砌石厚度。

（2）边坡防护根据边坡坡度确定防护型式，可为拱形护坡、六棱砖护坡、菱形护坡、混凝土框梁护坡、砌块护坡、浆砌石护坡、干砌石护坡、植生袋护坡、植物护坡、浆砌石挡墙护坡、干砌石挡墙护坡、混凝土挡墙护坡等。

（3）雨水排水管可采用钢筋混凝土管或者聚乙烯（PE）管，管径根据变电站雨水汇集量大小确定。

施工注意事项：

（1）截排水沟要结合自然地形设置，最终汇入自然沟渠，连接处设置沉沙池或者防冲护坦等。

（2）护坡根据坡面大小及坡度确定合适的防护型式，最好采取生态综合型护坡。

（3）雨水排水管网汇集后集中汇入站外排水系统。

图2-2-3　坡地变电站施工后期水土流失防治措施总平面布设图

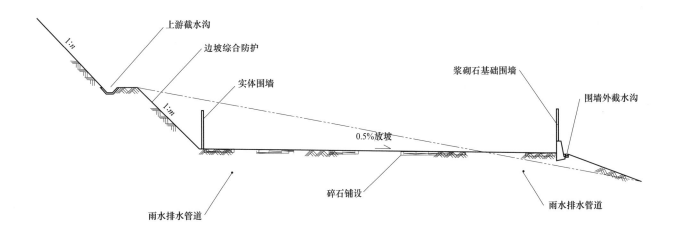

上游截水沟
边坡综合防护
实体围墙
浆砌石基础围墙
围墙外截水沟
1:n
1:n
0.5%放坡
碎石铺设
雨水排水管道
雨水排水管道

A—A 坡地变电站施工后期水土流失防治措施典型断面布设图

措施作用：

截水沟截留上游来水防止冲刷坡面；坡面进行综合防护减少径流冲刷，雨水排水集中收集后排入站外自然排水沟渠。

措施布设原则：

变电站为半挖半填，挖方边坡上游设置截水沟，对形成坡面采取综合防护措施；填方段围墙采取挡土墙基础，坡脚设置排水沟；变电站内雨水排水管道沿道路设置；规划绿化区域回覆表土进行土地整治，最后进行植被绿化。

措施主要型式：

(1) 截（排）水沟一般采取浆砌石结构，采取梯形断面，根据来水确定断面尺寸及砌石厚度。

(2) 边坡防护根据边坡坡度确定防护型式，可为拱形护坡、六棱砖护坡、菱形护坡、混凝土框梁护坡、砌块护坡、浆砌石护坡、干砌石护坡、植生袋护坡、植物护坡、浆砌石挡墙护坡、干砌石挡墙护坡、混凝土挡墙护坡等。

(3) 雨水排水管可采用钢筋混凝土管或者 PE 管，管径根据变电站雨水汇集量大小确定。

施工注意事项：

(1) 截排水沟要结合自然地形设置，最终汇入自然沟渠，连接处设置沉沙池或者防冲护坦等。

(2) 护坡根据坡面大小及坡度确定合适的防护型式，最好采取生态综合型护坡。

(3) 雨水排水管网汇集后集中汇入站外排水系统。

图 2-2-4　坡地变电站施工后期水土流失防治措施典型断面布设图

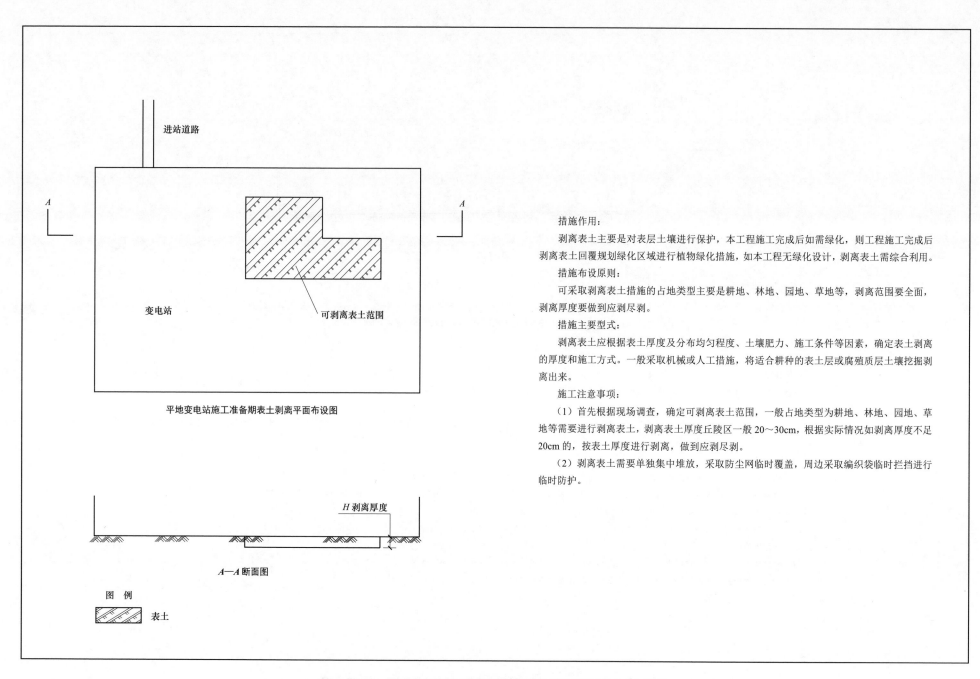

进站道路

A

变电站

可剥离表土范围

平地变电站施工准备期表土剥离平面布设图

H 剥离厚度

A—A断面图

图 例

表土

措施作用：

剥离表土主要是对表层土壤进行保护，本工程施工完成后如需绿化，则工程施工完成后剥离表土回覆规划绿化区域进行植物绿化措施，如本工程无绿化设计，剥离表土需综合利用。

措施布设原则：

可采取剥离表土措施的占地类型主要是耕地、林地、园地、草地等，剥离范围要全面，剥离厚度要做到应剥尽剥。

措施主要型式：

剥离表土应根据表土厚度及分布均匀程度、土壤肥力、施工条件等因素，确定表土剥离的厚度和施工方式。一般采取机械或人工措施，将适合耕种的表土层或腐殖质层土壤挖掘剥离出来。

施工注意事项：

（1）首先根据现场调查，确定可剥离表土范围，一般占地类型为耕地、林地、园地、草地等需要进行剥离表土，剥离表土厚度丘陵区一般 20～30cm，根据实际情况如剥离厚度不足 20cm 的，按表土厚度进行剥离，做到应剥尽剥。

（2）剥离表土需要单独集中堆放，采取防尘网临时覆盖，周边采取编织袋临时拦挡进行临时防护。

图 2-2-5 平地变电站施工准备期水土流失防治措施总平面布设图

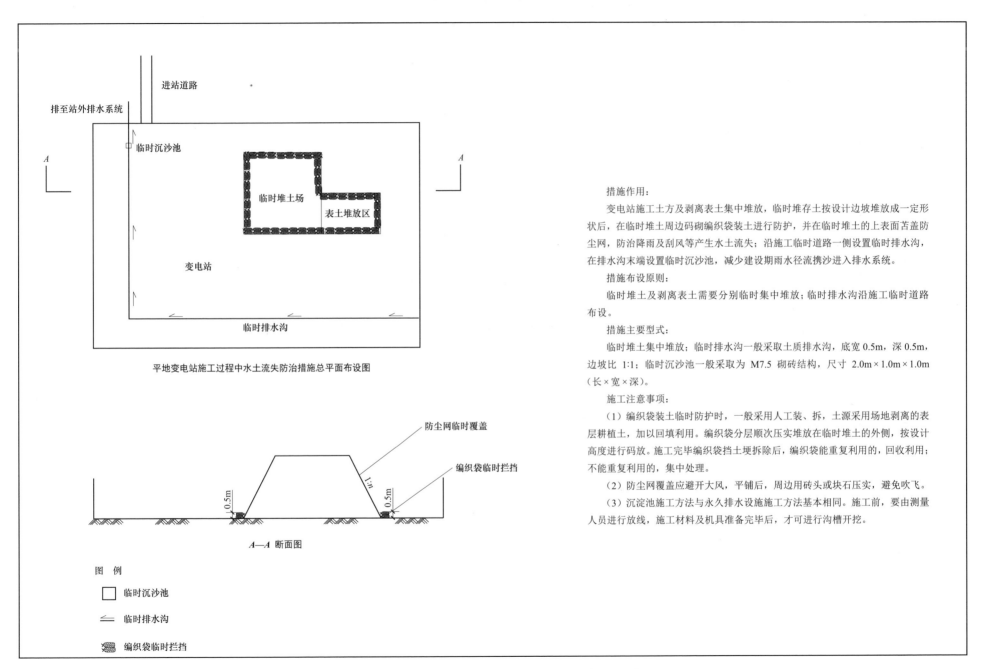

平地变电站施工过程中水土流失防治措施总平面布设图

A—A 断面图

图　例

□ 临时沉沙池

⇐ 临时排水沟

▨ 编织袋临时拦挡

措施作用：

变电站施工土方及剥离表土集中堆放，临时堆存土按设计边坡堆放成一定形状后，在临时堆土周边码砌编织袋装土进行防护，并在临时堆土的上表面苫盖防尘网，防治降雨及刮风等产生水土流失；沿施工临时道路一侧设置临时排水沟，在排水沟末端设置临时沉沙池，减少建设期雨水径流携沙进入排水系统。

措施布设原则：

临时堆土及剥离表土需要分别临时集中堆放；临时排水沟沿施工临时道路布设。

措施主要型式：

临时堆土集中堆放；临时排水沟一般采取土质排水沟，底宽 0.5m，深 0.5m，边坡比 1:1；临时沉沙池一般采取为 M7.5 砌砖结构，尺寸 2.0m×1.0m×1.0m（长×宽×深）。

施工注意事项：

（1）编织袋装土临时防护时，一般采用人工装、拆，土源采用场地剥离的表层耕植土，加以回填利用。编织袋分层顺次压实堆放在临时堆土的外侧，按设计高度进行码放。施工完毕编织袋挡土埂拆除后，编织袋能重复利用的，回收利用；不能重复利用的，集中处理。

（2）防尘网覆盖应避开大风，平铺后，周边用砖头或块石压实，避免吹飞。

（3）沉淀池施工方法与永久排水设施施工方法基本相同。施工前，要由测量人员进行放线，施工材料及机具准备完毕后，才可进行沟槽开挖。

图 2-2-6　平地变电站施工过程中水土流失防治措施总平面布设图

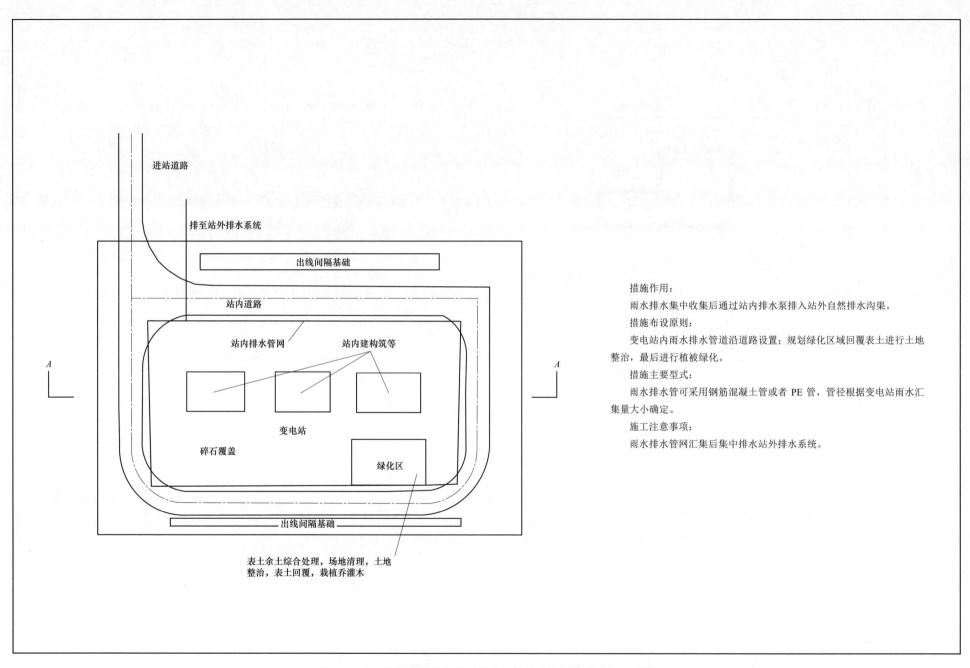

措施作用：
雨水排水集中收集后通过站内排水泵排入站外自然排水沟渠。
措施布设原则：
变电站内雨水排水管道沿道路设置；规划绿化区域回覆表土进行土地整治，最后进行植被绿化。
措施主要型式：
雨水排水管可采用钢筋混凝土管或者 PE 管，管径根据变电站雨水汇集量大小确定。
施工注意事项：
雨水排水管网汇集后集中排水站外排水系统。

进站道路

排至站外排水系统

出线间隔基础

站内道路

站内排水管网　　站内建构筑等

变电站

碎石覆盖

绿化区

出线间隔基础

表土余土综合处理，场地清理，土地整治，表土回覆，栽植乔灌木

图 2-2-7　平地变电站施工后期水土流失防治措施总平面布设图

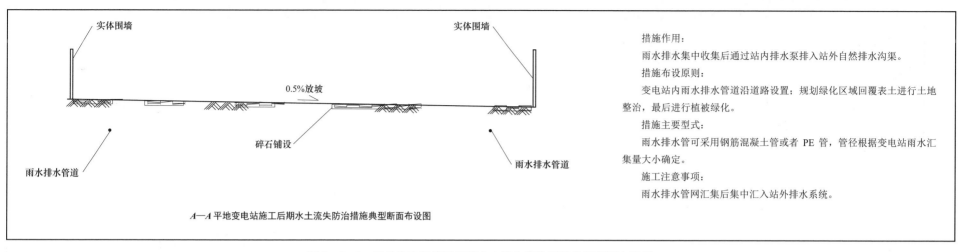

措施作用：
雨水排水集中收集后通过站内排水泵排入站外自然排水沟渠。
措施布设原则：
变电站内雨水排水管道沿道路设置；规划绿化区域回覆表土进行土地整治，最后进行植被绿化。
措施主要型式：
雨水排水管可采用钢筋混凝土管或者 PE 管，管径根据变电站雨水汇集量大小确定。
施工注意事项：
雨水排水管网汇集后集中汇入站外排水系统。

A—A 平地变电站施工后期水土流失防治措施典型断面布设图

图 2-2-8　平地变电站施工后期水土流失防治措施典型断面布设图

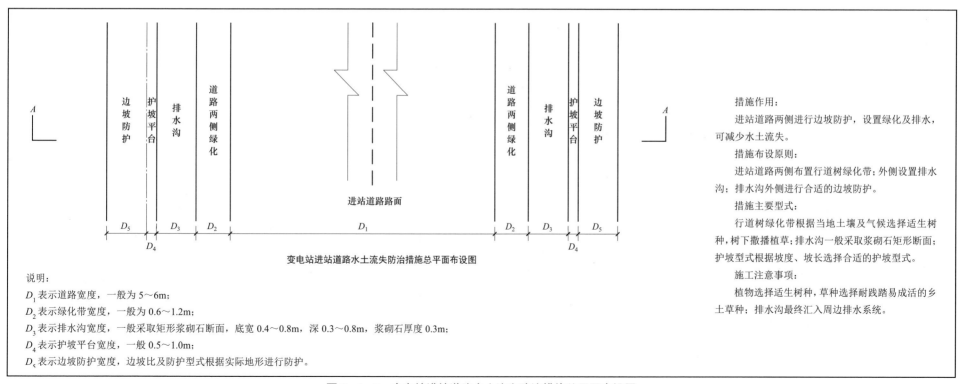

变电站进站道路水土流失防治措施总平面布设图

措施作用：
进站道路两侧进行边坡防护，设置绿化及排水，可减少水土流失。
措施布设原则：
进站道路两侧布置行道树绿化带，外侧设置排水沟；排水沟外侧进行合适的边坡防护。
措施主要型式：
行道树绿化带根据当地土壤及气候选择适生树种，树下撒播植草；排水沟一般采取浆砌石矩形断面；护坡型式根据坡度、坡长选择合适的护坡型式。
施工注意事项：
植物选择适生树种，草种选择耐践踏易成活的乡土草种；排水沟最终汇入周边排水系统。

说明：
D_1 表示道路宽度，一般为 5～6m；
D_2 表示绿化带宽度，一般为 0.6～1.2m；
D_3 表示排水沟宽度，一般采取矩形浆砌石断面，底宽 0.4～0.8m，深 0.3～0.8m，浆砌石厚度 0.3m；
D_4 表示护坡平台宽度，一般 0.5～1.0m；
D_5 表示边坡防护宽度，边坡比及防护型式根据实际地形进行防护。

图 2-2-9　变电站进站道路水土流失防治措施总平面布设图

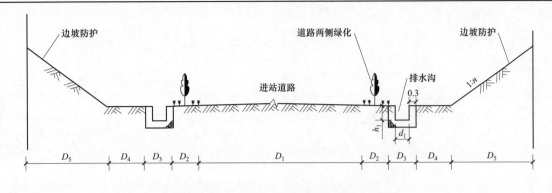

变电站进站道路水土流失防治措施典型横断面布设图（路堑）

措施作用：

进站道路两侧进行边坡防护，设置绿化及排水，可减少水土流失。

措施布设原则：

进站道路两侧布置行道树绿化带；外侧设置排水沟；排水沟外侧进行合适的边坡防护。

措施主要型式：

行道树绿化带根据当地土壤及气候选择适生树种，树下撒播植草；排水沟一般采取浆砌石矩形断面；护坡型式根据坡度、坡长选择合适的护坡型式。

施工注意事项：

植物选择适生树种，草种选择耐践踏易成活的乡土草种；排水沟最终汇入周边排水系统。

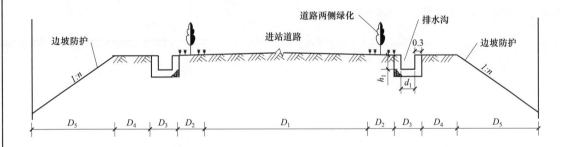

变电站进站道路水土流失防治措施典型横断面布设图（路堤）

说明：

D_1 表示道路宽度，一般为 5～6m；

D_2 表示绿化带宽度，一般为 0.6～1.2m；

D_3 表示排水沟宽度，一般采取矩形浆砌石断面，底宽 d_1=0.4～0.8m，深 h_1=0.3～0.8m，浆砌石厚度一般为 0.3m；

D_4 表示护坡平台宽度，一般 0.5～1.0m；

D_5 表示边坡防护宽度，边坡比及防护型式根据实际地形进行防护。

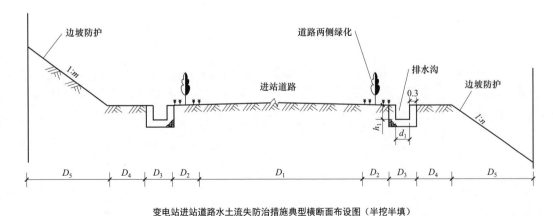

变电站进站道路水土流失防治措施典型横断面布设图（半挖半填）

图 2-2-10 变电站进站道路水土流失防治措施典型横断面布设图

2.2.2 变电站表土保护措施

表土临时堆放防护措施布设图如图2-2-11所示。

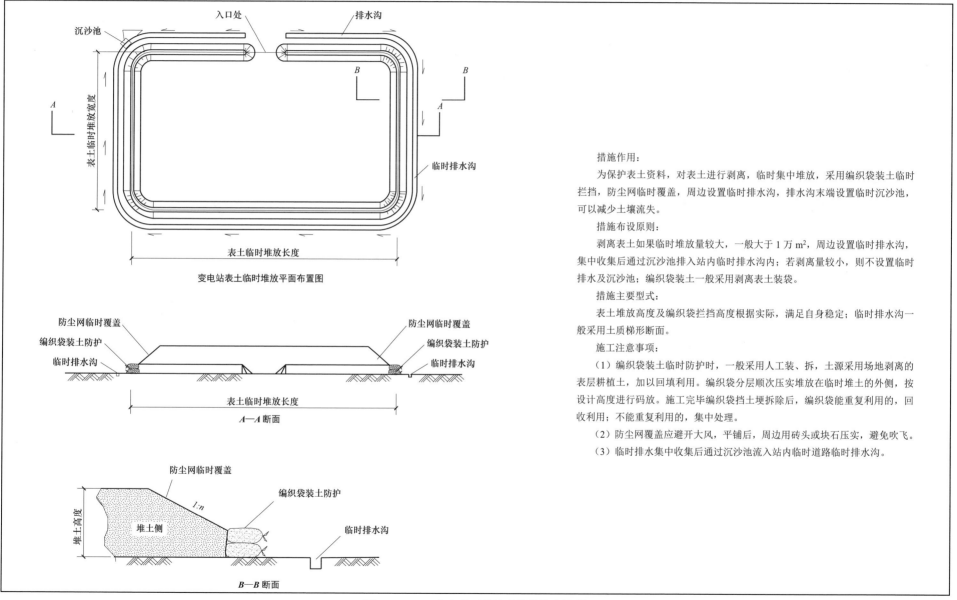

措施作用：

为保护表土资料，对表土进行剥离，临时集中堆放，采用编织袋装土临时拦挡，防尘网临时覆盖，周边设置临时排水沟，排水沟末端设置临时沉沙池，可以减少土壤流失。

措施布设原则：

剥离表土如果临时堆放量较大，一般大于1万m²，周边设置临时排水沟，集中收集后通过沉沙池排入站内临时排水沟内；若剥离量较小，则不设置临时排水及沉沙池；编织袋装土一般采用剥离表土装袋。

措施主要型式：

表土堆放高度及编织袋拦挡高度根据实际，满足自身稳定；临时排水沟一般采用土质梯形断面。

施工注意事项：

（1）编织袋装土临时防护时，一般采用人工装、拆，土源采用场地剥离的表层耕植土，加以回填利用。编织袋分层顺次压实堆放在临时堆土的外侧，按设计高度进行码放。施工完毕编织袋挡土埂拆除后，编织袋能重复利用的，回收利用；不能重复利用的，集中处理。

（2）防尘网覆盖应避开大风，平铺后，周边用砖头或块石压实，避免吹飞。

（3）临时排水集中收集后通过沉沙池流入站内临时道路临时排水沟。

图2-2-11 表土临时堆放防护措施布设图

2.2.3 变电站拦挡护坡措施

护坡设计图及挡土墙设计图如图 2－2－12～图 2－2－23 所示。

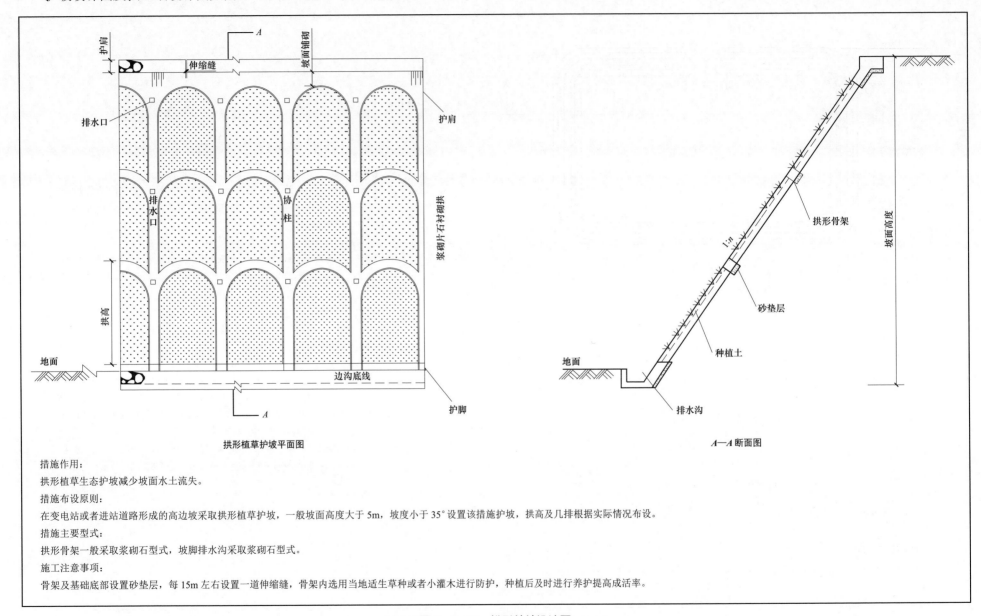

拱形植草护坡平面图

A—A 断面图

措施作用：

拱形植草生态护坡减少坡面水土流失。

措施布设原则：

在变电站或者进站道路形成的高边坡采取拱形植草护坡，一般坡面高度大于 5m，坡度小于 35°设置该措施护坡，拱高及几排根据实际情况布设。

措施主要型式：

拱形骨架一般采取浆砌石型式，坡脚排水沟采取浆砌石型式。

施工注意事项：

骨架及基础底部设置砂垫层，每 15m 左右设置一道伸缩缝，骨架内选用当地适生草种或者小灌木进行防护，种植后及时进行养护提高成活率。

图 2－2－12 拱形护坡设计图

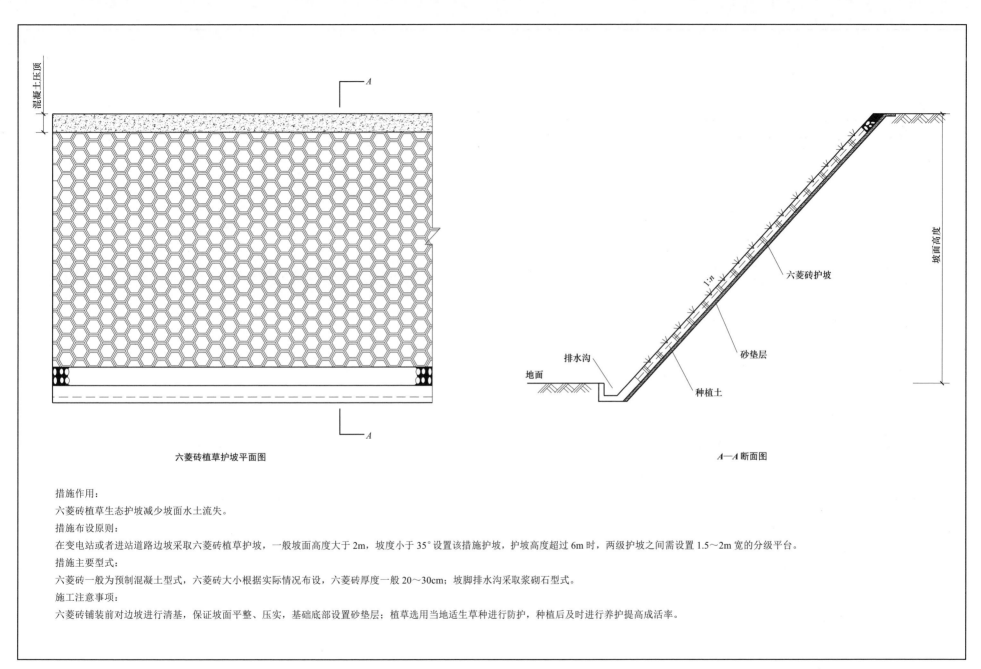

六菱砖植草护坡平面图

A—A 断面图

措施作用：

六菱砖植草生态护坡减少坡面水土流失。

措施布设原则：

在变电站或者进站道路边坡采取六菱砖植草护坡，一般坡面高度大于 2m，坡度小于 35°设置该措施护坡，护坡高度超过 6m 时，两级护坡之间需设置 1.5～2m 宽的分级平台。

措施主要型式：

六菱砖一般为预制混凝土型式，六菱砖大小根据实际情况布设，六菱砖厚度一般 20～30cm；坡脚排水沟采取浆砌石型式。

施工注意事项：

六菱砖铺装前对边坡进行清基，保证坡面平整、压实，基础底部设置砂垫层；植草选用当地适生草种进行防护，种植后及时进行养护提高成活率。

图 2-2-13　六菱砖网格护坡设计图

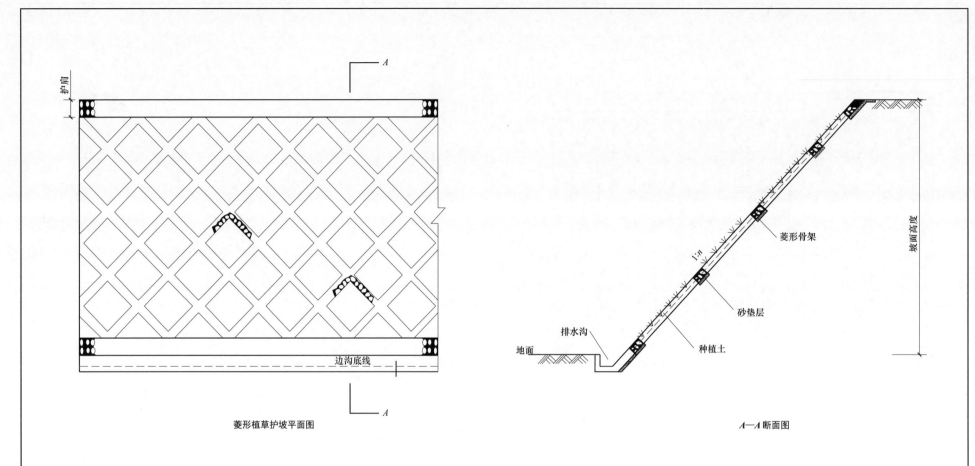

菱形植草护坡平面图

A—A断面图

措施作用：

菱形植草生态护坡减少坡面水土流失。

措施布设原则：

在变电站或者进站道路形成的高边坡采取六菱砖植草护坡，一般坡面高度大于3m，坡度小于35°设置该措施护坡，护坡高度超过8m时，两级护坡之间需设置1.5～2m宽的分级平台。

措施主要型式：

菱形骨架一般采取浆砌石，菱形骨架大小根据实际情况布设；坡脚排水沟采取浆砌石型式。

施工注意事项：

骨架及基础底部设置砂垫层；伸缩缝无设计要求，采用8～10m或两列格室间距设置，沥青麻丝嵌缝、硅酮耐候密封胶做表面填充；骨架内选用当地适生草种或者小灌木进行防护，种植后及时进行养护提高成活率。

图2－2－14　菱形护坡设计图

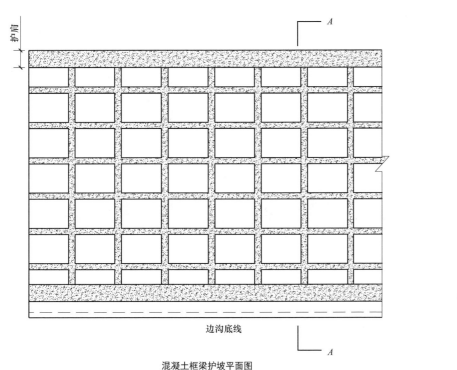

混凝土框梁护坡平面图

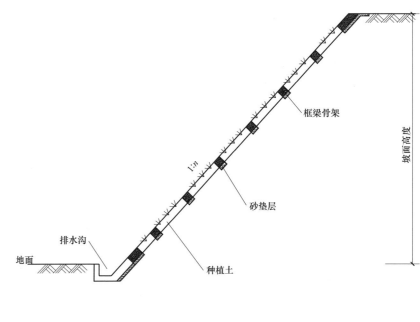

A—A断面图

措施作用：

混凝土框梁生态护坡减少坡面水土流失。

措施布设原则：

在变电站或者进站道路形成的高边坡采取混凝土框梁护坡，一般坡面高度大于 3m，坡度小于 35°设置该措施护坡，护坡高度超过 8m 时，两级护坡之间需设置 1.5～2m 宽的分级平台。

措施主要型式：

框梁骨架一般采取混凝土型式，框梁骨架大小根据实际情况布设；坡脚排水沟采取浆砌石或者混凝土型式。

施工注意事项：

混凝土框梁及基础底部设置砂垫层；伸缩缝无设计要求，采用 8～10m 或两列框梁距设置，沥青麻丝嵌缝、硅酮耐候密封胶做表面填充；骨架内选用当地适生草种或者小灌木进行防护，种植后及时进行养护提高成活率。

图 2−2−15　混凝土框梁护坡设计图

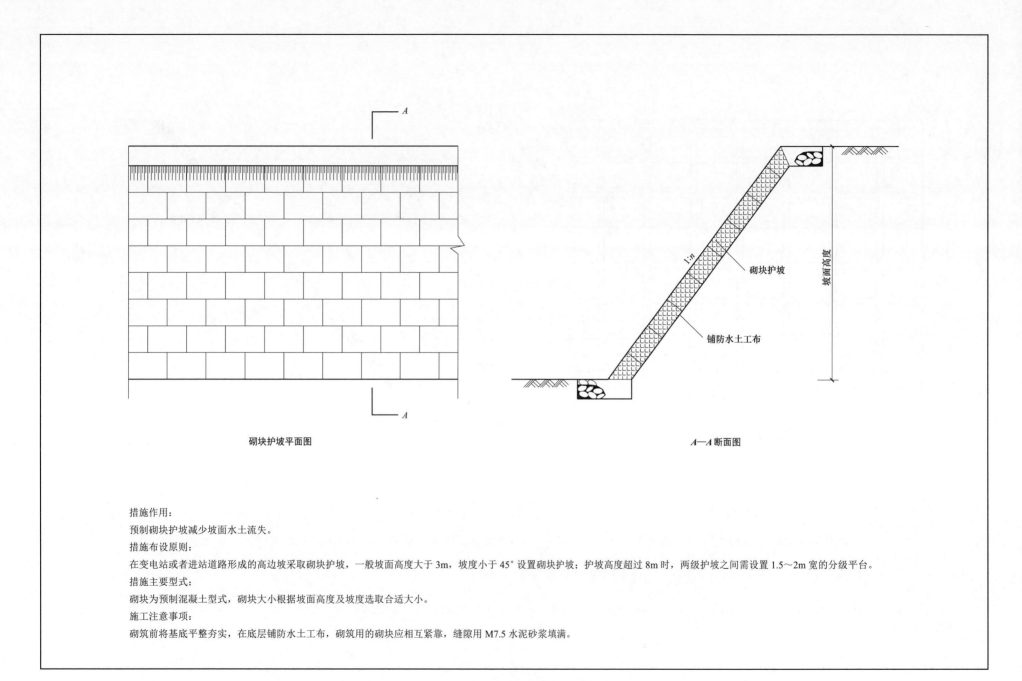

砌块护坡平面图　　　　　　　　　　　　　　　　　　　　　　　　　　　　　　　　　　A—A断面图

措施作用：

预制砌块护坡减少坡面水土流失。

措施布设原则：

在变电站或者进站道路形成的高边坡采取砌块护坡，一般坡面高度大于 3m，坡度小于 45°设置砌块护坡；护坡高度超过 8m 时，两级护坡之间需设置 1.5～2m 宽的分级平台。

措施主要型式：

砌块为预制混凝土型式，砌块大小根据坡面高度及坡度选取合适大小。

施工注意事项：

砌筑前将基底平整夯实，在底层铺防水土工布，砌筑用的砌块应相互紧靠，缝隙用 M7.5 水泥砂浆填满。

图 2-2-16　砌块护坡设计图

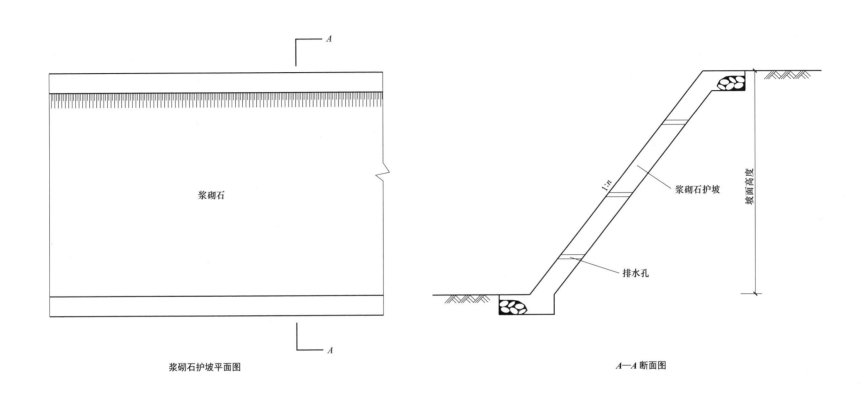

浆砌石护坡平面图   A—A 断面图

措施作用：

浆砌石护坡减少坡面水土流失。

措施布设原则：

在变电站或者进站道路形成的高边坡采取浆砌石护坡，一般坡面高度大于 3m，坡度小于 45° 设置浆砌石护坡；护坡高度超过 8m 时，两级护坡之间需设置 1.5～2m 宽的分级平台。

措施主要型式：

采取浆砌石法施工，块石一般大于 15cm。

施工注意事项：

砌筑前将基底平整夯实，砌筑用的石料强度不得低于 MU30；砌石应相互紧靠，缝隙用 M7.5 水泥砂浆填满；护坡拐角处一般需加设拉结钢筋；护坡长度大于 10m 时，需设置伸缩缝，伸缩缝宽度一般为 20mm，缝中填塞沥青麻丝；护坡需预埋硬塑料管作为排水孔，水平间距一般为 1m。

图 2-2-17　浆砌石护坡设计图

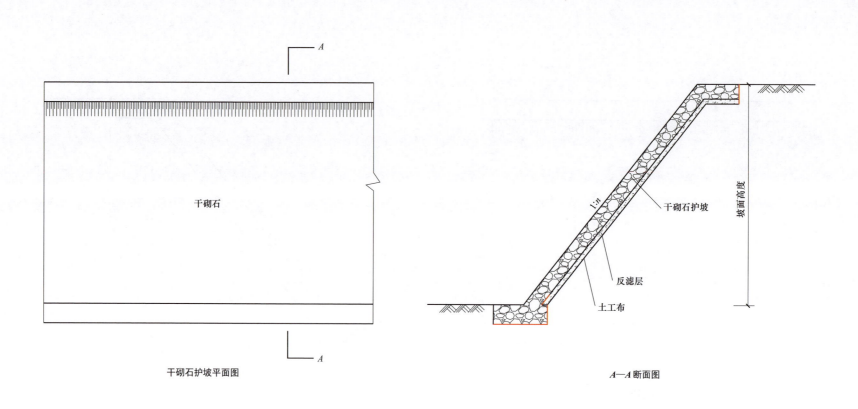

干砌石护坡平面图　　　　　　　　　　　　　　　　　　　　*A—A* 断面图

措施作用：

干砌石护坡减少坡面水土流失。

措施布设原则：

在变电站或者进站道路形成的高边坡采取干砌石护坡，一般坡面高度大于 2m，坡度小于 35°设置干砌石护坡；护坡高度超过 6m 时，两级护坡之间需设置 1.5～2m 宽的分级平台。

措施主要型式：

采取干砌法施工，块石一般大于 15cm。

施工注意事项：

砌筑前，将基底平整夯实，检查合格后方可进行单层土工布铺设；土工布铺设自下而上，铺设要平展，基础底部设置反滤层；反滤层一般 10cm，砌石厚度一般大于 30cm。各砌块的砌缝应相互错开，不得有通缝，表面应平顺整齐。

图 2-2-18　干砌石护坡设计图

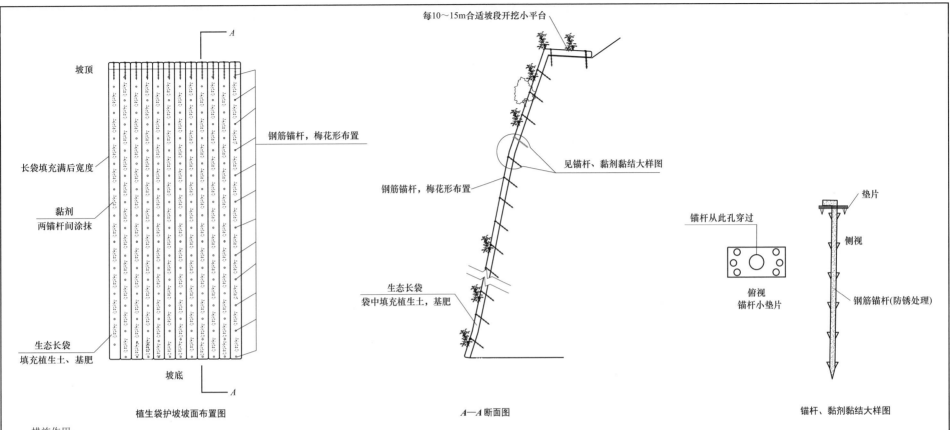

图中标注文字：

植生袋护坡坡面布置图：
坡顶
长袋填充满后宽度
黏剂 两锚杆间涂抹
生态长袋 填充植生土、基肥
坡底
钢筋锚杆，梅花形布置

A—A断面图：
每10～15m合适坡段开挖小平台
见锚杆、黏剂黏结大样图
钢筋锚杆，梅花形布置
生态长袋 袋中填充植生土、基肥

锚杆、黏剂黏结大样图：
锚杆从此孔穿过
俯视 锚杆小垫片
垫片
侧视
钢筋锚杆(防锈处理)

措施作用：
植生袋护坡减少坡面水土流失。

措施布设原则：
在变电站或者进站道路形成的高陡边坡采取植生袋护坡，一般坡面高度大于3m，坡度大于40°设置植生袋护坡；综合考虑当地气候、水文地质、工程地质、边坡高度、环境条件、施工条件、材料来源以及工期等综合因素；边坡上营造的植物景观要与山上的植物景观相融合；坚持快速有效、经济适用原则，一般30天复绿，180天见成效。

措施主要型式：
植生袋护坡技术是集土木结构和保护生态环境、保证绿化景观为一体的系统工程；它主要由抗紫外生态长袋和锚杆等工程组件构成；植生袋具有抗老化、抗紫外线、无毒、不降解、抗酸碱盐及微生物分解等性能；还具有保土透水的功能；工程强度寿命超过50年，甚至可达百年以上。

施工注意事项：
对边坡进行放坡（回填），清理表层松动层，整平；并对现状坡面进行喷射混凝土，厚度不小于3cm；顺坡长方向拉设一条长袋并每隔一段距离用锚杆固定；生态长袋根据现场情况确定；坡面生态袋填料应就地取材，要求使用适合植物生长的植生混合土料，应选择轻质土，加入保水剂、生长剂等掺合料；长袋铺设时，必须清除边坡表面松散土石、尖锐状物及垃圾等，然后长袋紧靠边坡铺设；在边坡顶部压力充填植生土，当填充土近锚孔的距离后就依孔位置用锚杆进行锚固，锚杆在边坡外保留一定长度，继续充填植生土，同时涂抹黏剂，加放连接扣横向连接两长袋，填充完长袋后，锚杆打入设计的位置；坡顶处根据情况生态长袋顺延一定长度用锚杆锚固，并嵌入坡面实体，封闭顶面；设置微喷灌设施，对长袋护坡进行灌溉复绿养护。

图2-2-19 植生袋护坡设计图

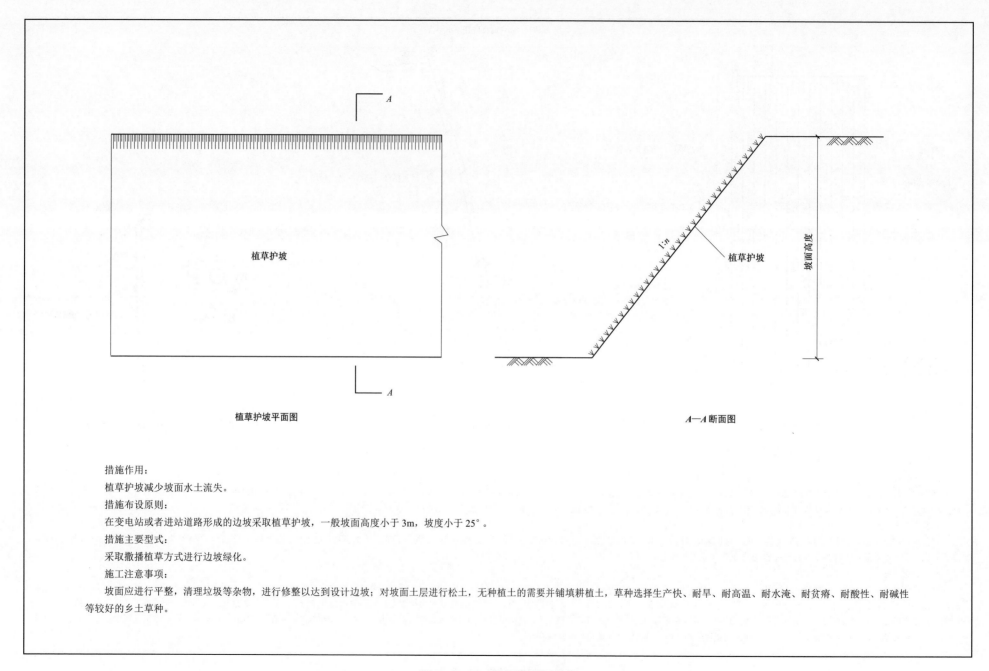

植草护坡平面图

A—A 断面图

措施作用：

植草护坡减少坡面水土流失。

措施布设原则：

在变电站或者进站道路形成的边坡采取植草护坡，一般坡面高度小于3m，坡度小于25°。

措施主要型式：

采取撒播植草方式进行边坡绿化。

施工注意事项：

坡面应进行平整，清理垃圾等杂物，进行修整以达到设计边坡；对坡面土层进行松土，无种植土的需要并铺填耕植土，草种选择生产快、耐旱、耐高温、耐水淹、耐贫瘠、耐酸性、耐碱性等较好的乡土草种。

图 *2-2-20* 植物护坡设计图

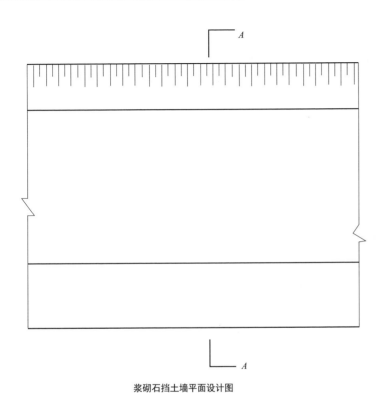

浆砌石挡土墙平面设计图

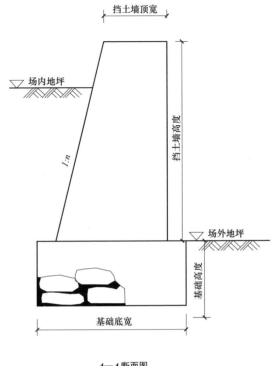

A—A断面图

措施作用：

挡土墙用于支承路基填土或山坡土体、防止填土或土体变形失稳等，减少水土流失。

措施布设原则：

在变电站或进站道路形成的边坡设置挡土墙，设置于路堤边坡的挡土墙称为路堤挡土墙；设置于路堑边坡的挡土墙称为路堑挡土墙；设置于山坡上，支承山坡上可能坍塌的覆盖层土体或破碎岩层的挡土墙称为山坡挡土墙。

措施主要型式：

挡土墙一般采取浆砌石，坡脚排水沟采取浆砌石型式。

施工注意事项：

浆砌石采用铺浆法砌筑，灰缝应饱满，并插捣密实，灰缝一般为 20～30mm，铺浆厚度约 40～60mm，较大空隙用碎石块嵌于砂浆中，不允许先填碎石再塞砂浆；上下石块相互错缝，内外搭接，浆砌块石不得形成水平或纵向通缝；挡土墙背 30cm 范围内填级配砂卵石滤水层；挡土墙沿长度方向每 10m 或高度变化处设置伸缩缝，挡土墙每 2.5m 上下交叉设置排水孔，排水孔向外排水坡度 $i=5\%$ 排水坡，入口处 300mm 范围内填碎石滤层。

图 2—2—21 浆砌石挡土墙设计图

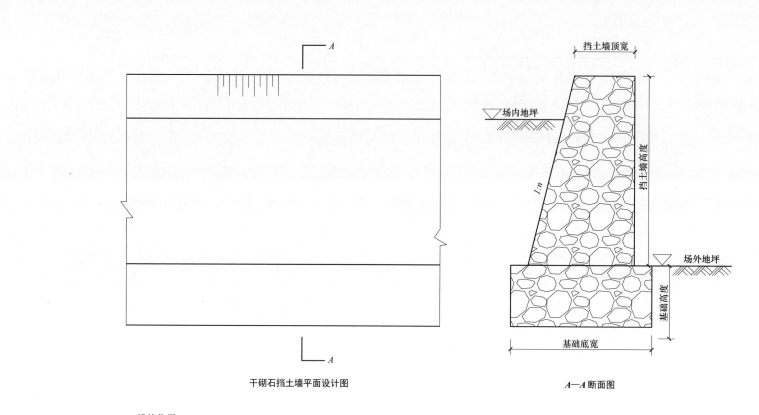

挡土墙顶宽

场内地坪

1:n

挡土墙高度

场外地坪

基础高度

基础底宽

干砌石挡土墙平面设计图　　　　　　　　　*A—A*断面图

措施作用：

挡土墙用于支承路基填土或山坡土体，防止填土或土体变形失稳，减少水土流失等。

措施布设原则：

在变电站或进站道路形成的边坡设置挡土墙，设置于路堤边坡的挡土墙称为路堤挡土墙；设置于路堑边坡的挡土墙称为路堑挡土墙；设置于山坡上，支承山坡上可能坍塌的覆盖层土体或破碎岩层的挡土墙为山坡挡土墙。

措施主要型式：

挡土墙一般采取干砌石，坡脚排水沟采取浆砌石型式。

施工注意事项：

墙体砌筑时宜分皮卧砌，块石大面应朝下，上下层交叉错缝互相压叠内外搭砌咬紧，保证砌体密实；墙体砌筑时应避免通缝，严禁采用内外层砌筑中间乱石填心。

图 2－2－22　干砌石挡土墙设计图

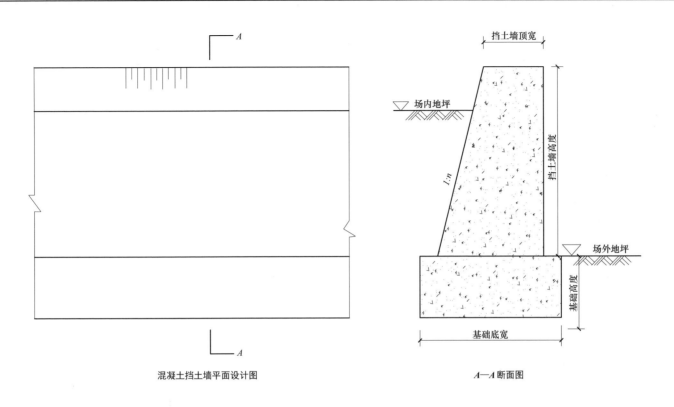

混凝土挡土墙平面设计图　　　　　　　　　　　　　　　　　　　*A—A* 断面图

措施作用：

挡土墙用于支承路基填土或山坡土体，防止填土或土体变形失稳，减少水土流失等。

措施布设原则：

在变电站或进站道路形成的边坡设置挡土墙，设置于路堤边坡的挡土墙称为路堤挡土墙；设置于路堑边坡的挡土墙称为路堑挡土墙；设置于山坡上，支承山坡上可能坍塌的覆盖层土体或破碎岩层的挡土墙称为山坡挡土墙。

措施主要型式：

挡土墙一般采取混凝土型式，坡脚排水沟采取浆砌石型式。

施工注意事项：

浆砌石采用铺浆法砌筑，灰缝应饱满，并插捣密实，灰缝一般为 20～30mm，铺浆厚度约 40～60mm，较大空隙用碎石块嵌于砂浆中，不允许先填碎石再塞砂浆；上下石块相互错缝，内外搭接，浆砌块石不得形成水平或纵向通缝；挡土墙背 30cm 范围内填砂卵石级配砂卵石滤水层；挡土墙沿长度方向每 10m 或高度变化处设置伸缩缝，挡土墙每 2.5m 上下交叉设置排水孔，排水孔向外排水坡度 $i=5\%$ 排水坡，入口处 300mm 范围内填碎石滤层。

图 2－2－23　混凝土挡土墙设计图

2.2.4 变电站截排水措施

设计图如图 2-2-24～图 2-2-33 所示。

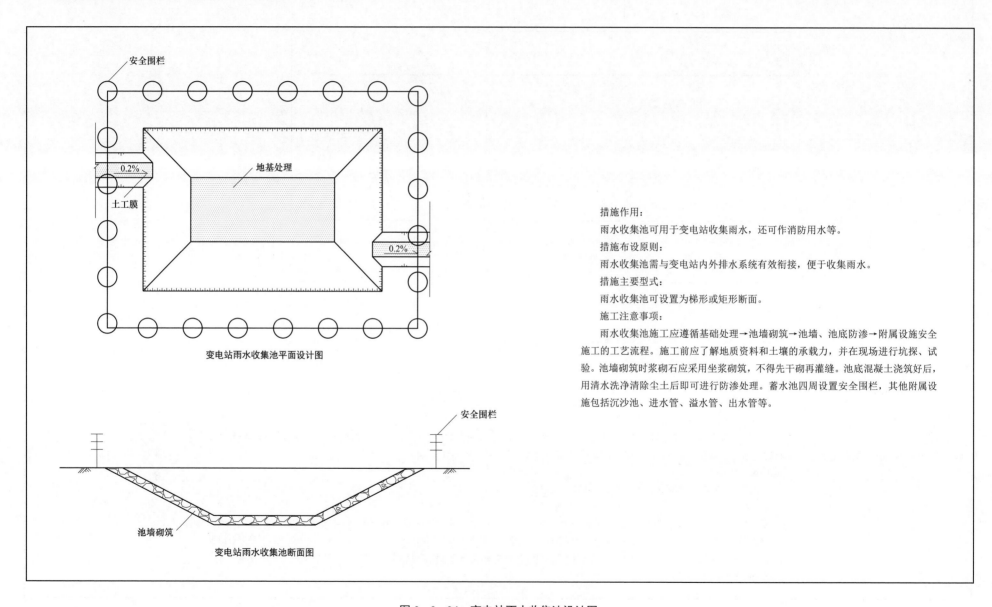

措施作用：

雨水收集池可用于变电站收集雨水，还可作消防用水等。

措施布设原则：

雨水收集池需与变电站内外排水系统有效衔接，便于收集雨水。

措施主要型式：

雨水收集池可设置为梯形或矩形断面。

施工注意事项：

雨水收集池施工应遵循基础处理→池墙砌筑→池墙、池底防渗→附属设施安全施工的工艺流程。施工前应了解地质资料和土壤的承载力，并在现场进行坑探、试验。池墙砌筑时浆砌石应采用坐浆砌筑，不得先干砌再灌缝。池底混凝土浇筑好后，用清水洗净清除尘土后即可进行防渗处理。蓄水池四周设置安全围栏，其他附属设施包括沉沙池、进水管、溢水管、出水管等。

变电站雨水收集池平面设计图

变电站雨水收集池断面图

图 2-2-24 变电站雨水收集池设计图

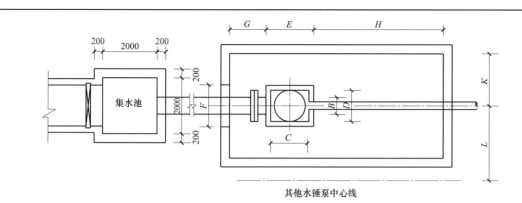

泵站平面图

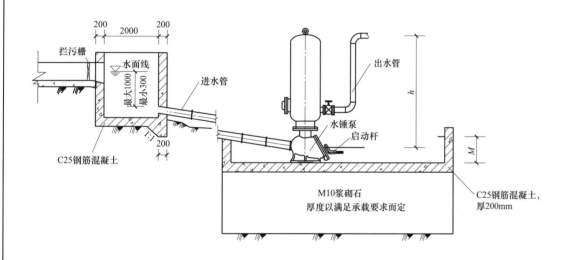

泵站剖面图

水锤泵技术参数

名称	单位	型号		
		BIL—840	BIL—630	BIL—420
进水管 $\phi1$	in（mm）	8″（$\phi219×8$）	6″（$\phi159×6$）	4″（$\phi108×4.5$）
出水管 $\phi2$	in	4″	3″	2″
进水落差 H	m	1.5~7	1.5~7	1.5~7
进水流量	L/min	1500~1600	800~900	350~400
扬程比 h/H		2~30	2~30	2~30
扬程 h	m	$H×(2~30)$	$H×(2~30)$	$H×(2~30)$
进水管长度 L	m	$H×8$	$H×8$	$H×8$
压力锤直径 ϕ	mm	600	500	400
外形尺寸（长×宽×高）	mm	950×630×2200	520×420×2130	425×350×1840

扬程落差比和出水流量关系

流量单位：L/min

h/H	型号			h/H	型号		
	BIL—840	BIL—630	BIL—420		BIL—840	BIL—630	BIL—420
2	423	325	175	18	144	81	25
4	365	216	84	20	133	75	21
6	305	171	64	22	125	67	20
8	260	144	51	24	116	63	19
10	219	124	43	26	108	57	16
12	193	111	36	28	98	51	15
14	180	99	33	30	90	49	13
16	157	90	27				

措施作用：

雨水排水泵站可用于及时排出变电站内雨水积水。

措施布设原则：

雨水排水泵站的布设需与变电站内外排水系统有效衔接，用于及时排出雨水。

措施主要型式：

可参考水锤泵布设型式。

施工注意事项：

雨水排水泵站设计参考本图表格所列参数，尺寸可参考本图设计尺寸（图中尺寸以 mm 计）。泵的泄水阀前要砌拦水坝或墙，保持一定的水位和距离。集水池进口设置拦污栅，出水管必须高出压力罐的最高点，尽量减少弯头。

水锤泵安装尺寸表

型号	进水管	A	B	C	D	E	F	G	H	J	K	L	M	底脚螺栓	集水池最小容量（L）
BIL—840	200	460	350	650	480	800	630	500	2000	50	800	1200	410	M24×1000	4000
BIL—630	150	330	230	520	420	650	550	500	1800	40	700	1000	350	M22×900	3000
BIL—420	100	300	230	425	350	600	500	450	1500	30	650	800	310	M20×800	2000

图 2-2-25 雨水排水泵站设计图

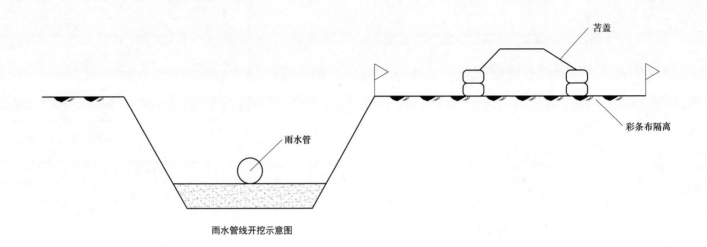

雨水管线开挖示意图

措施作用：
变电站雨水管线开挖与变电站内外和区域排水设施有序衔接，起到收集雨水并及时排出变电站内雨水积水的作用。

措施布设原则：
变电站雨水管线开挖应与变电站内外和区域排水设施有序衔接，开挖过程中做好开挖边坡水土流失防护工作。

措施主要型式：
变电站雨水管线可采用地下埋管的方式实施，采用机械开挖，清底用人工方式，埋管具体材质和尺寸可依据具体项目地勘等设计资料确定。

施工注意事项：
管道安装前，宜将管节、管件按施工方案的要求摆放，摆放的位置应便于起吊及运送。起重机下管时，起重机架设的位置不得影响沟槽边坡的稳定。开挖时土方可堆置在沟槽一侧，顶部用防尘网或彩条布苫盖。管道安装铺设完毕后应尽快回填，在回填过程中管道下部与管底之间的间隙应填实。

图 2-2-26 变电站排水管道设计图

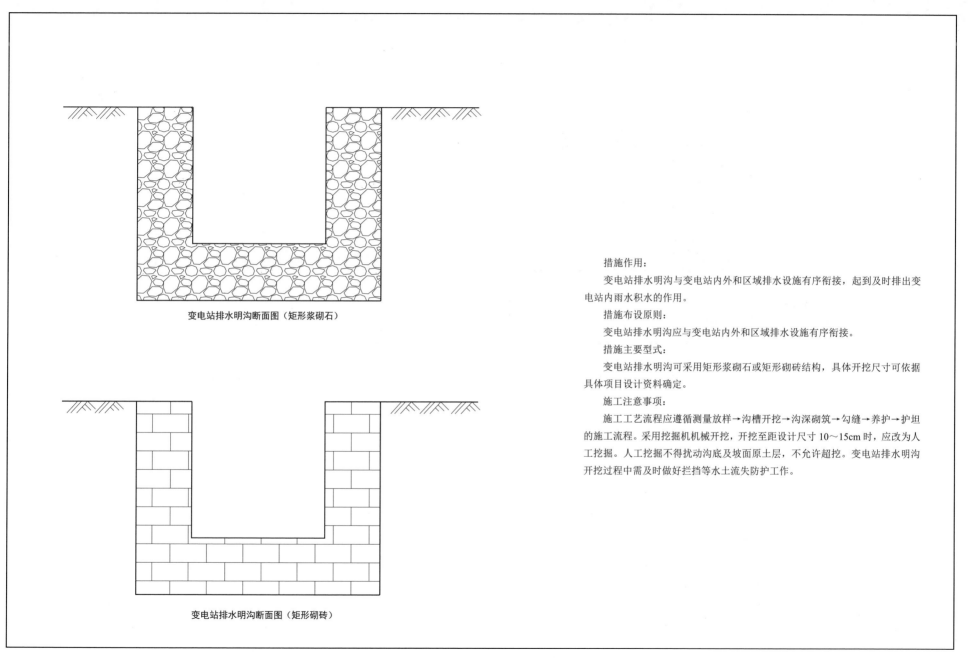

变电站排水明沟断面图（矩形浆砌石）

变电站排水明沟断面图（矩形砌砖）

措施作用：

变电站排水明沟与变电站内外和区域排水设施有序衔接，起到及时排出变电站内雨水积水的作用。

措施布设原则：

变电站排水明沟应与变电站内外和区域排水设施有序衔接。

措施主要型式：

变电站排水明沟可采用矩形浆砌石或矩形砌砖结构，具体开挖尺寸可依据具体项目设计资料确定。

施工注意事项：

施工工艺流程应遵循测量放样→沟槽开挖→沟深砌筑→勾缝→养护→护坦的施工流程。采用挖掘机机械开挖，开挖至距设计尺寸 10～15cm 时，应改为人工挖掘。人工挖掘不得扰动沟底及坡面原土层，不允许超挖。变电站排水明沟开挖过程中需及时做好拦挡等水土流失防护工作。

图 2-2-27　排水明沟设计图

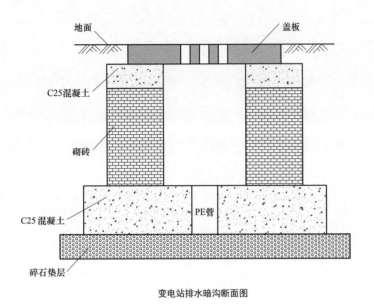

变电站排水暗沟断面图

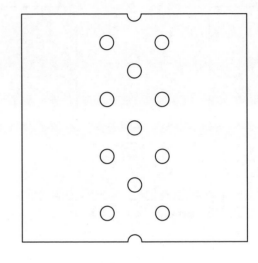

变电站排水暗沟盖板大样图

措施作用：

变电站排水暗沟与变电站内外和区域排水设施有序衔接，起到及时排出变电站内雨水积水的作用。

措施布设原则：

变电站排水暗沟应与变电站内外和区域排水设施有序衔接。

措施主要型式：

变电站排水暗沟可采用矩形砌砖结构外加混凝土盖板，具体开挖尺寸可依据具体项目设计资料确定。透式盖板沟宜为透水铺装，可采用砌砖体或混凝土结构，盖板可采用火烧板等材料。

施工注意事项：

（1）砌砖墙可采用 M10 水泥砂浆和 MU10 非黏土烧结实心砖，墙内须采用 1:2 水泥砂浆抹面勾缝，砂浆需饱满。

（2）基础底部可设置 10cm 碎石垫层，间隔 1m 可设置 PE 管将沟内收集的雨水入渗至碎石垫层；碎石孔根据具体情况也可开在侧壁上。

（3）盖板沟地基承载力不小于 80kPa。

（4）施工过程中应做好水土流失防护工作。

图 2－2－28　排水暗沟设计图

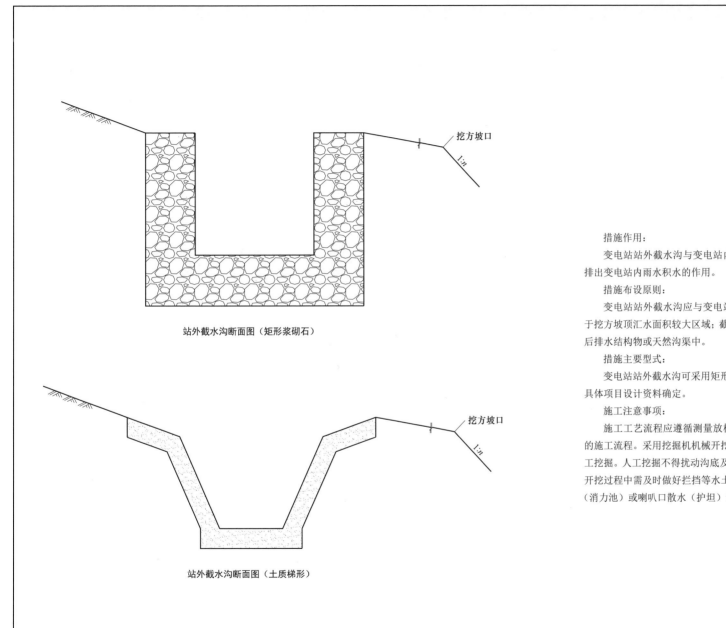

站外截水沟断面图（矩形浆砌石）

站外截水沟断面图（土质梯形）

措施作用：

变电站站外截水沟与变电站内外和区域排水设施有序衔接，起到及时有效排出变电站内雨水积水的作用。

措施布设原则：

变电站站外截水沟应与变电站内外和区域排水设施有序衔接。截水沟适用于挖方坡顶汇水面积较大区域；截水沟布设应顺应现场地形，使水流顺畅流入前后排水结构物或天然沟渠中。

措施主要型式：

变电站站外截水沟可采用矩形浆砌石或土质梯形结构，具体开挖尺寸可依据具体项目设计资料确定。

施工注意事项：

施工工艺流程应遵循测量放样→沟槽开挖→沟深砌筑→勾缝→养护→护坦的施工流程。采用挖掘机机械开挖，开挖至距设计尺寸 10～15cm 时，应改为人工挖掘。人工挖掘不得扰动沟底及坡面原土层，不允许超挖。变电站站外截水沟开挖过程中需及时做好拦挡等水土流失防护工作。在截水沟末端宜布设跌水设施（消力池）或喇叭口散水（护坦）进行消能防冲。

图 2－2－29　站外截水沟设计图

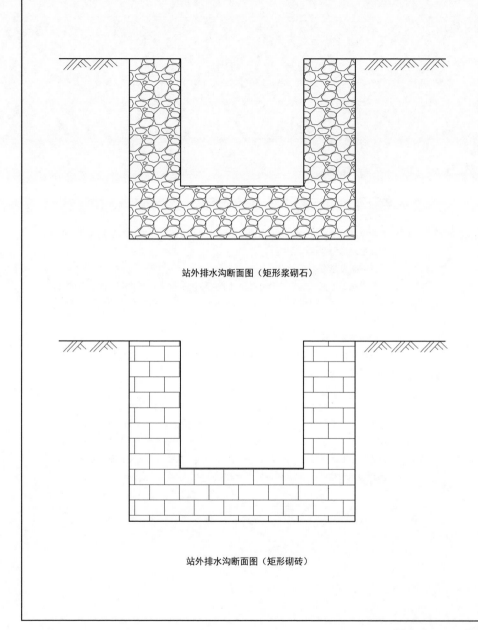

站外排水沟断面图（矩形浆砌石）

站外排水沟断面图（矩形砌砖）

措施作用：

变电站站外排水沟与变电站内外和区域排水设施有序衔接，起到及时有效排出变电站内雨水积水，保护变电站的作用。

措施布设原则：

变电站站外排水沟应与变电站内外和区域排水设施有序衔接。

措施主要型式：

变电站站外排水沟可采用矩形浆砌石、矩形砌砖、土质梯形、混凝土 U 形槽结构，具体开挖尺寸可依据具体项目设计资料确定。

施工注意事项：

施工工艺流程应遵循测量放样→沟槽开挖→沟深砌筑→勾缝→养护→护坦的施工流程。采用挖掘机机械开挖，开挖至距设计尺寸 10～15cm 时，应改为人工挖掘。人工挖掘不得扰动沟底及坡面原土层，不允许超挖。变电站站外排水沟开挖过程中需及时做好拦挡等水土流失防护工作。

图 2-2-30　站外排水沟设计图（一）

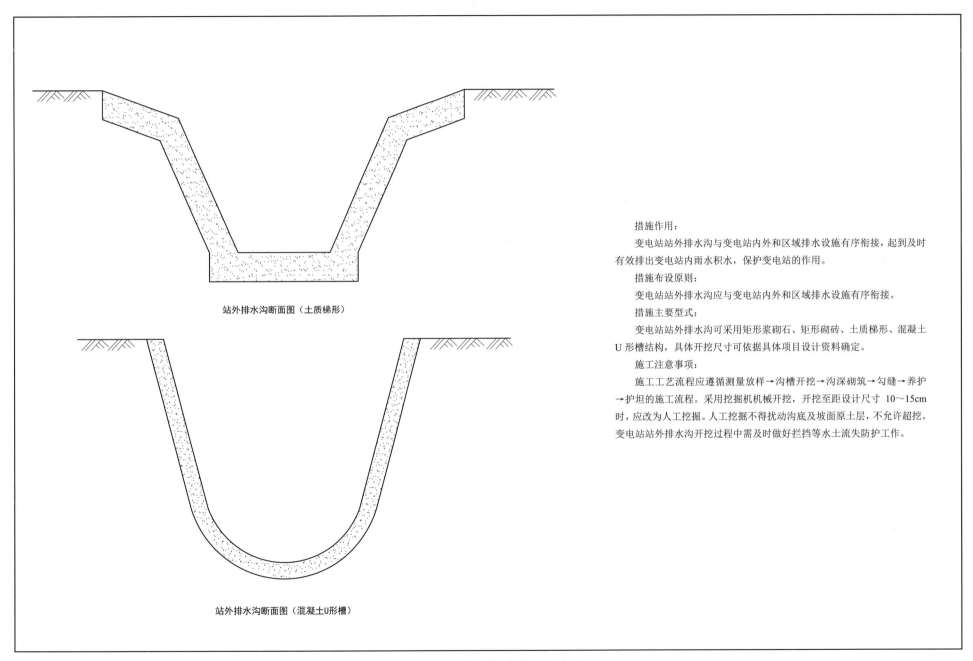

站外排水沟断面图（土质梯形）

站外排水沟断面图（混凝土U形槽）

措施作用：

变电站站外排水沟与变电站内外和区域排水设施有序衔接，起到及时有效排出变电站内雨水积水，保护变电站的作用。

措施布设原则：

变电站站外排水沟应与变电站内外和区域排水设施有序衔接。

措施主要型式：

变电站站外排水沟可采用矩形浆砌石、矩形砌砖、土质梯形、混凝土U形槽结构，具体开挖尺寸可依据具体项目设计资料确定。

施工注意事项：

施工工艺流程应遵循测量放样→沟槽开挖→沟深砌筑→勾缝→养护→护坦的施工流程。采用挖掘机机械开挖，开挖至距设计尺寸 10～15cm 时，应改为人工挖掘。人工挖掘不得扰动沟底及坡面原土层，不允许超挖。变电站站外排水沟开挖过程中需及时做好拦挡等水土流失防护工作。

图 2-2-30　站外排水沟设计图（二）

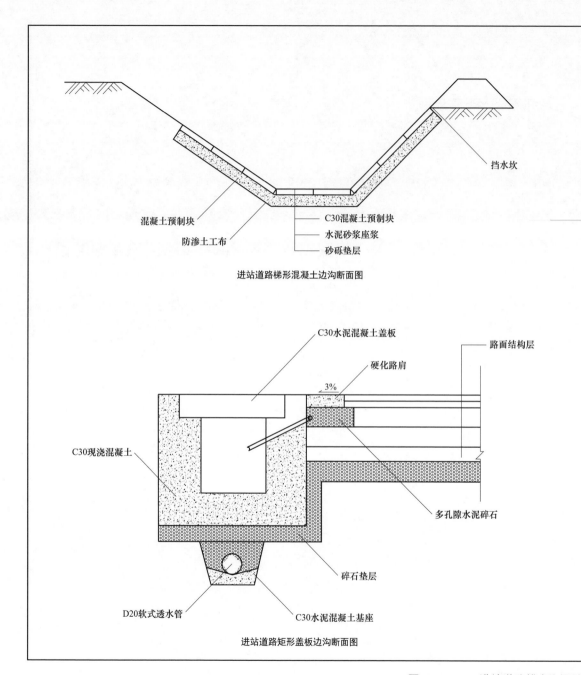

挡水坎

混凝土预制块
防渗土工布

C30混凝土预制块
水泥砂浆座浆
砂砾垫层

进站道路梯形混凝土边沟断面图

C30水泥混凝土盖板

路面结构层

硬化路肩

3%

C30现浇混凝土

多孔隙水泥碎石

D20软式透水管

碎石垫层

C30水泥混凝土基座

进站道路矩形盖板边沟断面图

措施作用:

变电站进站道路排水沟与变电站内外和区域排水设施有序衔接,起到及时有效排出变电站进站道路两侧和变电站内外雨水积水的作用。

措施布设原则:

变电站进站道路排水沟应与变电站内外和区域排水设施有序衔接。

措施主要型式:

变电站进站道路排水沟可采用梯形混凝土或矩形盖板边沟的型式,具体开挖尺寸可依据具体项目设计资料确定。

施工注意事项:

施工工艺流程应遵循测量放样→沟槽开挖→沟深砌筑→勾缝→养护→护坦的施工流程。矩形盖板边沟可采用 C30 混凝土现浇,每隔 10m 设置一道沉降缝,并用沥青麻絮填塞;梯形边沟采用 C30 混凝土预制块护砌。矩形盖板边沟适用于挖方路段,穿越地质不良路段边沟下部铺设防渗土工布。若梯形边沟深度受地形条件限制无法加深时,可在排水沟外侧设置挡水坎。

图 2-2-31　进站道路排水沟设计图

变电站排水暗沟照片

变电站进站道路排水沟照片（一）

变电站进站道路排水沟照片（二）

变电站围墙外排水沟照片

　　图集展示新建变电站进站道路矩形混凝土盖板排水沟和变电站内排水暗沟实际实施情况。相关照片由输变电工程水土保持监测单位拍摄。

图 2-2-32　变电站排水工程图集

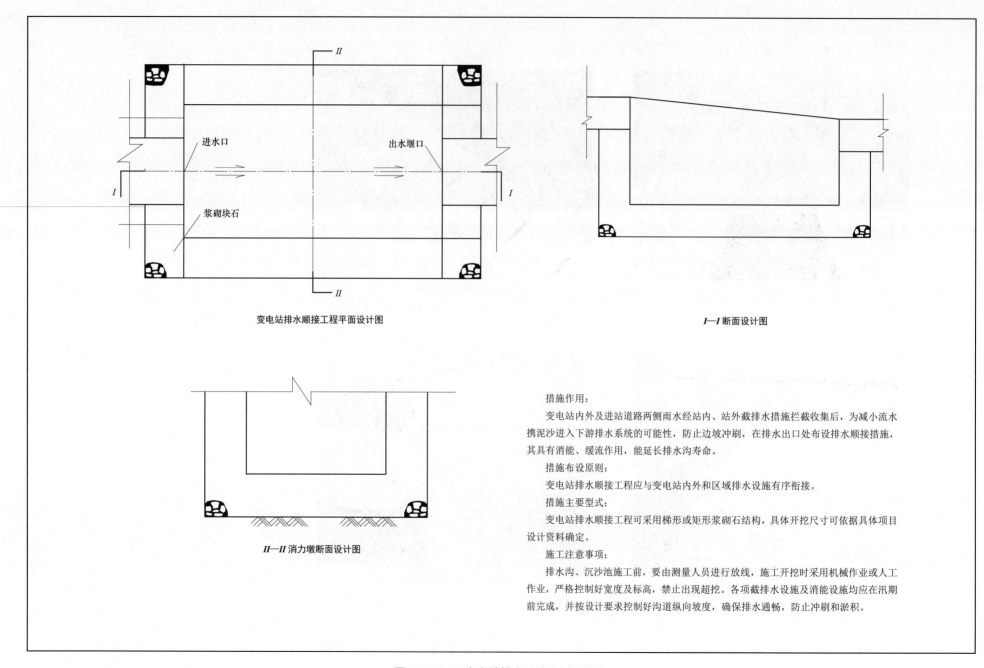

变电站排水顺接工程平面设计图

I—I 断面设计图

II—II 消力墩断面设计图

措施作用：

变电站内外及进站道路两侧雨水经站内、站外截排水措施拦截收集后，为减小流水携泥沙进入下游排水系统的可能性，防止边坡冲刷，在排水出口处布设排水顺接措施，其具有消能、缓流作用，能延长排水沟寿命。

措施布设原则：

变电站排水顺接工程应与变电站内外和区域排水设施有序衔接。

措施主要型式：

变电站排水顺接工程可采用梯形或矩形浆砌石结构，具体开挖尺寸可依据具体项目设计资料确定。

施工注意事项：

排水沟、沉沙池施工前，要由测量人员进行放线，施工开挖时采用机械作业或人工作业，严格控制好宽度及标高，禁止出现超挖。各项截排水设施及消能设施均应在汛期前完成，并按设计要求控制好沟道纵向坡度，确保排水通畅，防止冲刷和淤积。

图 2-2-33　变电站排水顺接工程设计图

2.2.5 变电站蓄渗措施

工程设计图如图2-2-34~图2-2-36所示。

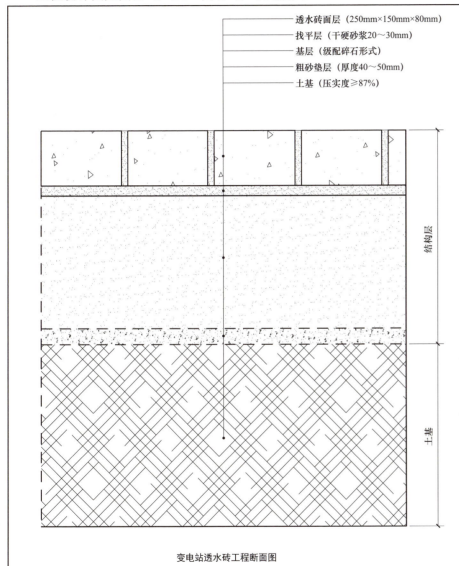

透水砖面层（250mm×150mm×80mm）
找平层（干硬砂浆20~30mm）
基层（级配碎石形式）
粗砂垫层（厚度40~50mm）
土基（压实度≥87%）

结构层

土基

变电站透水砖工程断面图

变电站透水砖照片

措施作用：

透水砖起到增加雨水下渗、改善生态微环境的作用。

措施布设原则：

透水砖布设应与项目区景观环境相协调。

措施主要型式：

透水砖可选用透水方砖，且满足《透水砖路面技术规范》（CJJ/T 188）的有关规定。

施工注意事项：

透水砖路面结构层应由透水砖面层、找平层、基层、垫层组成。

（1）面层：面层为水泥与级配砂石构成预制透水砖。取用规格为250mm×150mm×80mm，透水系数不小于 $1.0×10^{-2}$cm/s，防滑性能（BNP）不小于60，耐磨系数不大于35mm，砖缝填砂，砖缝间接缝宽度为3mm。

（2）找平层：布设30mm厚干硬砂浆，透水性能不宜低于面层所采用的透水砖。

（3）基层：用级配碎石形式，基层顶面压实度按重型击实标准，应达到95%以上，级配碎石集料基层压碎值应小于26%，公称最大粒径不宜大于26.5mm，集料中小于或等于0.075mm颗粒含量不应超过3%。

（4）垫层：当透水砖路面土基为黏性土时宜设置垫层，当土基为砂性土或底基层为级配碎砾石时可不设置垫层。

（5）土基：要求土基应稳定、密实、均质，应具有足够的强度、稳定性和抗变能力及耐久性，其中路槽底面土基回弹模量值不宜小于20MPa，土质路基压实应采用重型击实标准控制，因填方大于800mm，所以土质路基压实度不应低于90%，且不大于93%。

图 2-2-34　透水砖工程设计图

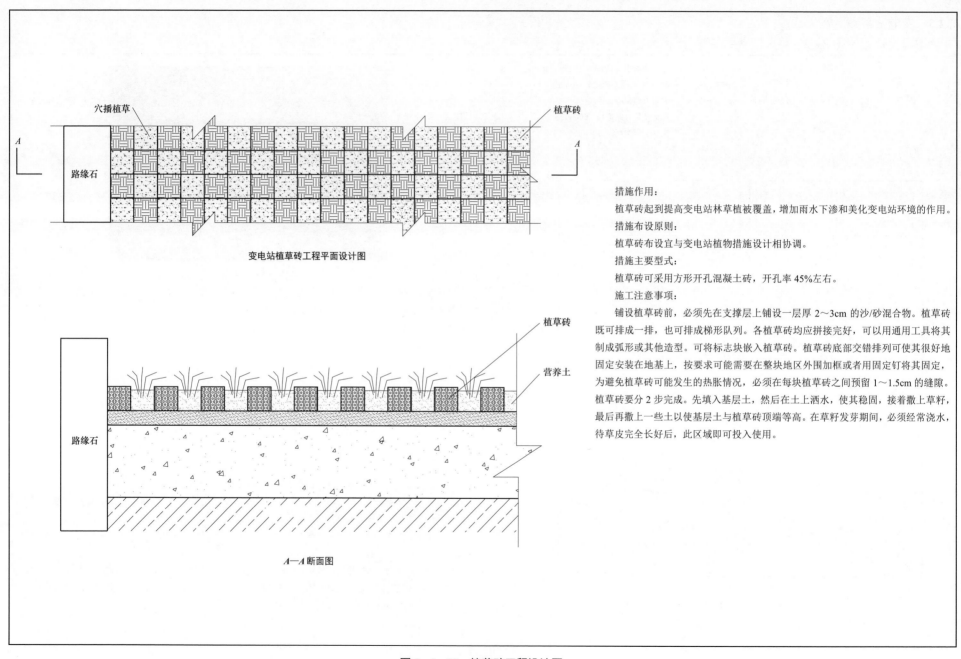

穴播植草

植草砖

路缘石

变电站植草砖工程平面设计图

植草砖

营养土

路缘石

A—A 断面图

措施作用：

植草砖起到提高变电站林草植被覆盖，增加雨水下渗和美化变电站环境的作用。

措施布设原则：

植草砖布设宜与变电站植物措施设计相协调。

措施主要型式：

植草砖可采用方形开孔混凝土砖，开孔率 45%左右。

施工注意事项：

铺设植草砖前，必须先在支撑层上铺设一层厚 2～3cm 的沙/砂混合物。植草砖既可排成一排，也可排成梯形队列。各植草砖均应拼接完好，可以用通用工具将其制成弧形或其他造型。可将标志块嵌入植草砖。植草砖底部交错排列可使其很好地固定安装在地基上，按要求可能需要在整块地区外围加框或者用固定钉将其固定，为避免植草砖可能发生的热胀情况，必须在每块植草砖之间预留 1～1.5cm 的缝隙。植草砖要分 2 步完成。先填入基层土，然后在土上洒水，使其稳固，接着撒上草籽，最后再撒上一些土以使基层土与植草砖顶端等高。在草籽发芽期间，必须经常浇水，待草皮完全长好后，此区域即可投入使用。

图 2-2-35　植草砖工程设计图

地表8~10cm碎石覆盖层
原地层

碎石铺盖平面图

变电站碎石铺盖照片

措施作用：
碎石铺盖可增强变电站雨水入渗，减轻地表水土流失。
措施布设原则：
碎石铺盖宜与变电站施工时序相结合。
措施主要型式：
选用粒径适宜的碎石结合变电站设计进行铺盖。
施工注意事项：
变电站碎石铺盖宜遵循基层清理→确定铺盖范围→分层铺设、压实→顶面及四周修整的工艺流程。施工前应检验基土土质，将基底表层的松软土、积水、污泥等挖除，平整场地。按设计厚度分层摊平、铺筑碎石，大小颗粒要均匀分布，厚度一致，压实前应当洒水使其保持湿润，采用机械碾压或人工轧实，面层微小孔隙应以粒径为5~25mm细石子嵌缝，碾压至碎石表面平整、坚实、稳定不松动为止。采用人工或机械辅助对碎石铺筑体进行修整、夯实，使其外形平整美观。

图 2-2-36 碎石铺盖工程设计图

2.2.6 变电站土地整治措施

设计图及土地整治图集如图2-2-37和图2-2-38所示。

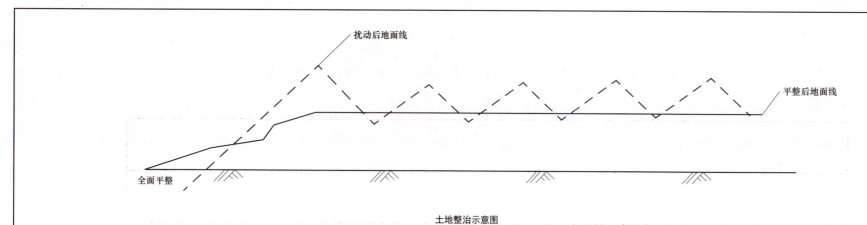

土地整治示意图

变电站围墙外土地整治照片

措施作用：

土地整治为施工后期对占地区域进行植被恢复前实施。

措施布设原则：

施工后期，施工单位对施工扰动区域进行植被恢复前应进行土地整治。

措施主要型式：

首先需要挑出或清理土壤中不利于植物生长的碎石、建筑垃圾等杂物，然后施加有机肥料，最后深耕。

施工注意事项：

土地整治应按照场地清理→平整翻松→平整及犁耕→土地改良的工艺流程实施，具体如下：

（1）变电站外扰动区、施工道路等原地类型为耕地时，可采用旋耕机将板结的原状土翻松，来回翻松不少于2次，按农作物种类选取合适翻耕深度，一般为500mm左右。翻松结束，使用平地机整平。采用全面整地的变电站施工临时道路区等区域可采用旋耕机方式将表层土壤翻松，翻耕深度一般为300mm左右。

（2）表层种植土被剥离的区域，应先将种植土摊铺，摊铺厚度应与剥离厚度相等，一般为300～600mm。摊铺厚度超过300mm时，可分两层摊铺。摊铺后用旋耕机将种植土翻耕拌和。然后用平地机整平，整平后的地面应高于原始地面100mm左右。

（3）恢复为耕地的应增施有机肥复合肥或其他肥料；恢复为林草地的，应优先选择具有根瘤菌或其他固氮菌的绿肥植物，工程管理范围的绿化区可在田间平整后增施有机肥、复合肥或其他肥料。

图2-2-37 变电站土地整治措施设计图

变电站进站道路土地整治照片（一）　　　　　　　变电站进站道路土地整治照片（二）

图集展示新建变电站进站道路施工后期土地整治实际实施情况。相关照片由输变电工程水土保持监测单位拍摄。

变电站进站道路土地整治照片（三）　　　　　　　变电站进站道路土地整治照片（四）

变电站围墙外土地整治照片（一）　　　　　　　变电站围墙外土地整治照片（二）

图 2-2-38　变电站土地整治图集

2.2.7 变电站植物措施

站内管理区、进站道路、围墙外植物措施布设图、植物措施如图2-2-39～图2-2-43所示。

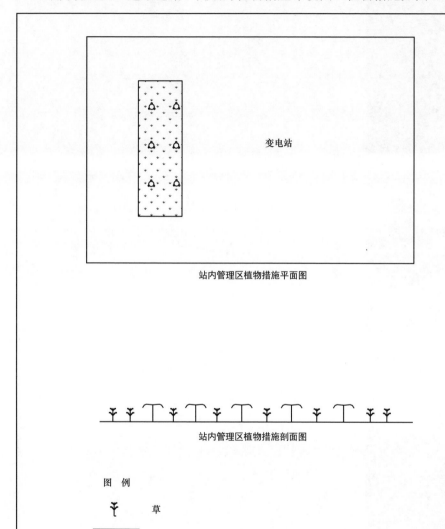

措施作用:

(1) 对变电站进行绿化美化。

(2) 通过林草植被对地面的覆盖保护作用、对降雨的再分配作用、对土壤的改良作用以及植被根系对土壤的强大固结作用来防治水土流失。

措施布设原则:

站区内不允许栽植高大乔木,植被选择主要以矮小的乔木、灌木和草为主,主要满足绿化美化需要,采取灌草类相结合的形式,结合当地自然环境条件及现场调查情况,确定植被类型。

措施主要形式:

(1) 撒播草籽。

(2) 栽植灌木或矮小乔木。

施工注意事项:

(1) 土地整治应按撒播草籽、栽植灌木/小乔木的要求对地形进行整理。

(2) 植被恢复时优先选取1～2种乡土草种等比例混播。

图2-2-39 站内管理区植物措施布设图

狗牙根

黑麦草

早熟禾

紫羊茅

植物特性：

（1）狗牙根：狗牙根性喜光稍耐阴、耐旱，喜温暖湿润，具有一定的耐寒能力。适宜的土壤酸碱性范围很广（pH 值为 5.5～7.5），其中，以湿润且排水条件良好的中等到较黏性的土壤上生长最好，在轻沙盐碱地中生长也较好。

（2）早熟禾：喜温暖干燥的环境，耐旱、耐阴、耐寒性较强；适合沙土、黄土、壤土和淤泥质土种植，喜微酸性至中性土壤。

（3）黑麦草：喜温凉湿润气候。宜于夏季凉爽、冬季不太寒冷地区生长。选择轻土、黄土或棕壤等，土质以疏松、肥沃、排水良好的为佳，较能耐湿，不耐旱，喜肥不耐瘠，略能耐酸，适宜的土壤 pH 值为 6～7。

（4）紫羊茅：紫羊茅喜肥又耐瘠薄，在砂砾地、岗坡地等生长也较好，喜微酸性至中性土壤，以 pH 值 6.0～7.5 最适宜。

图 2-2-40　站内管理区植物措施（一）

高羊茅

剪股颖草

中华结缕草

冬青卫矛

植物特性：

（1）高羊茅：高羊茅喜寒冷潮湿、温暖的气候，在肥沃、潮湿、富含有机质、pH 值为 4.7～8.5 的细壤土中生长良好。喜光，耐半阴，对肥料反应敏感，抗逆性强，耐酸、耐贫瘠，抗病性强。

（2）中华结缕草：适宜在各种土壤上种植。具有耐湿、耐旱、耐盐碱的特性。

（3）剪股颖草：能在大多数土壤中生长，在 pH 值为 5.26～7.0 更合适，但有一定的耐盐碱力。

（4）冬青卫矛：阳性树种，喜光耐阴，要求温暖湿润的气候和肥沃的土壤。酸性土、中性土或微碱性土均能适应。萌生性强，适应性强，在沙质、黏土和石质土壤均能生长，较耐寒，耐干旱瘠薄。

图 2-2-40 站内管理区植物措施（二）

紫穗槐

女贞

小叶黄杨

紫叶小檗

植物特性：

（1）紫穗槐：喜干冷气候，耐寒、耐旱、耐湿、耐盐碱，抗风沙、抗逆性极强，对土壤要求不严，以壤土最好。

（2）小叶黄杨：性喜温暖、半阴、湿润气候，耐旱、耐寒、耐盐碱，在沙土、壤土、褐土均能种植，属浅根性树种。

（3）紫叶小檗：喜冷凉、湿润及阳光充足的环境，对各种土壤都能适应，耐寒、耐瘠，不耐热、不耐湿涝。

（4）女贞：耐寒性好，耐水湿，喜温暖湿润气候，喜光耐荫。对土壤要求不严，以砂质壤土或黏质壤土栽培为宜。

图 2-2-40　站内管理区植物措施（三）

木槿

小龙柏

龙柏球

月季

植物特性:

（1）木槿：喜光，稍耐阴；喜温暖、湿润气候，耐热又耐寒；对土壤要求不严格，适宜生长在疏松透气且富含多种营养物质的土壤中；较耐干燥和贫瘠，好水湿而又耐旱。

（2）龙柏球：常绿灌木。属温带树种，耐寒性强，为阳性树种，喜阳光充足，幼苗较耐阴。喜疏松而排水良好的中性钙质土，在强酸性土中生长不良，能耐轻寒碱。

（3）小龙柏：柏科圆柏属植物。喜充足的阳光，适宜种植于排水良好的砂质土壤上。

（4）月季：适合肥沃、排水良好的黄壤、棕壤或红壤种植。

图 2-2-40 站内管理区植物措施（四）

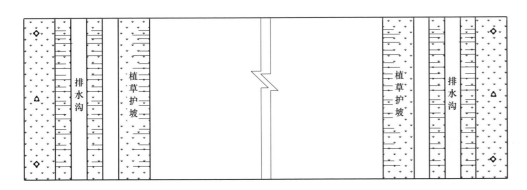

进站道路平面图

措施作用：

通过林草植被对地面的覆盖保护作用、对降雨的再分配作用、对土壤的改良作用，以及植被根系对土壤的强大固结作用来防治水土流失。

措施主要形式：

（1）撒播草籽。

（2）栽植灌木。

（3）栽植乔木。

施工注意事项：

（1）土地整治应按撒播草籽、栽植灌木、乔木的要求对地形进行整理。

（2）植被恢复时优先选取 1～2 种乡土草种等比例混播。

进站道路断面图

图　例

Ψ　　　草

[草皮]　草皮

♣　　　灌木

◇　　　阔叶树种

图 2－2－41　进站道路植物措施布设图

狗牙根

早熟禾

三叶草

黑麦草

植物特性：

（1）狗牙根：性喜光稍耐阴、耐旱，喜温暖湿润，具有一定的耐寒能力。适宜的土壤酸碱性范围很广（pH 值为 5.5～7.5），其中，以湿润且排水条件良好的中等到较黏性的土壤上生长最好，在轻沙盐碱地中生长也较好。

（2）三叶草：喜湿润温暖气候，较耐旱、耐寒。适宜于排水良好、富含钙质的黏性土壤生长。

（3）早熟禾：喜温暖干燥的环境，耐旱、耐阴、耐寒性较强；适合沙土、黄土、壤土和淤泥质土种植，喜微酸性至中性土壤。

（4）黑麦草：喜温凉湿润气候。宜于夏季凉爽、冬季不太寒冷地区生长。选择轻土、黄土或棕壤等，土质以疏松、肥沃、排水良好的为佳，较能耐湿，不耐旱，喜肥不耐瘠，略能耐酸，适宜的土壤 pH 值为 6～7。

图 2－2－42 进站道路植物措施（一）

紫穗槐

冬青卫矛

小叶黄杨

紫叶小檗

植物特性：

（1）紫穗槐：喜干冷气候，耐寒、耐旱、耐湿、耐盐碱，抗风沙、抗逆性极强，对土壤要求不严，以壤土最好。

（2）小叶黄杨：性喜温暖、半阴、湿润气候，耐旱、耐寒、耐盐碱，在沙土、壤土、褐土均能种植，属浅根性树种。

（3）冬青卫矛：阳性树种，喜光耐阴，要求温暖湿润的气候和肥沃的土壤。酸性土、中性土或微碱性土均能适应。萌生性强，适应性强，在沙质、黏土和石质土壤均能生长，较耐寒，耐干旱瘠薄。

（4）紫叶小檗：喜冷凉、湿润及阳光充足的环境，对各种土壤都能适应，耐寒、耐瘠、不耐热、不耐湿涝。

图 2-2-42　进站道路植物措施（二）

女贞

红瑞木

金银木

连翘

植物特性：

（1）女贞：耐寒性好，耐水湿，喜温暖湿润气候，喜光耐阴。对土壤要求不严，以砂质壤土或黏质壤土栽培为宜。

（2）金银木：喜强光，每天接受日光直射不宜少于 4h，稍耐旱，但在微潮偏干的环境中生长良好。喜温暖环境，也较耐寒。对土壤要求不严，耐旱、耐瘠薄。

（3）红瑞木：喜欢潮湿温暖的生长环境，适宜的生长温度是 22～30℃，光照充足。适应排水良好的砂质土壤。

（4）连翘：耐寒，耐旱，怕水渍，萌发力强，对土壤要求不严，可在棕壤土、褐土、潮土中生长，其中以棕壤土、褐土为最佳。生命力和适应性都非常强，酸性、碱性土均可生长但不耐盐碱，适生范围广。

图 2-2-42 进站道路植物措施（三）

柽柳

桧柏

紫叶李

侧柏

植物特性:

（1）柽柳：喜光，耐旱、耐寒，较耐水湿，极耐盐碱、沙荒地。适应性强，对气候土壤要求不严，在黏壤土、沙质壤土及河边冲积土中均可生长。

（2）紫叶李：喜阳光，有一定的抗旱能力。对土壤适应性强，较耐水湿，但在肥沃、深厚、排水良好的黏质中性、酸性土壤中生长良好，不耐碱。以沙砾土为好，黏质土也能生长，根系较浅，萌生力较强。

（3）桧柏：喜光树种，较耐阴，喜温凉、温暖气候；忌积水，耐寒、耐热，对土壤要求不严，能生长于酸性、中性及石灰质土壤上。

（4）侧柏：喜光树种，对土壤要求不严，在任何性质的土质中均能生长，耐寒、耐旱、抗盐碱。

图 2-2-42 进站道路植物措施（四）

狗牙根

早熟禾

黑麦草

三叶草

植物特性：

（1）狗牙根：性喜光稍耐阴、耐旱，喜温暖湿润，具有一定的耐寒能力。适宜的土壤酸碱性范围很广（pH 值为 5.5～7.5），其中，以湿润且排水条件良好的中等到较黏性的土壤上生长最好，在轻沙盐碱地中生长也较好。

（2）黑麦草：喜温凉湿润气候。宜于夏季凉爽、冬季不太寒冷地区生长。选择轻土、黄土或棕壤等，土质以疏松、肥沃、排水良好的为佳，较能耐湿，不耐旱，喜肥不耐瘠，略能耐酸，适宜的土壤 pH 值为 6～7。

（3）早熟禾：喜温暖干燥的环境，耐旱、耐阴、耐寒性较强；适合沙土、黄土、壤土和淤泥质土种植，喜微酸性至中性土壤。

（4）三叶草：喜湿润温暖气候，较耐旱、耐寒。适宜于排水良好、富含钙质的黏性土壤生长。

图 2-2-43　围墙外植物措施（一）

高羊茅

小叶黄杨

中华结缕草

冬青卫矛

植物特性：

（1）高羊茅：喜寒冷潮湿、温暖的气候，在肥沃、潮湿、富含有机质、pH 值为 4.7～8.5 的细壤土中生长良好。喜光，耐半阴，对肥料反应敏感，抗逆性强，耐酸、耐贫瘠，抗病性强。

（2）中华结缕草：适宜在各种土壤上种植。具有耐湿、耐旱、耐盐碱的特性。

（3）小叶黄杨：性喜温暖、半阴、湿润气候，耐旱、耐寒、耐盐碱，在沙土、壤土、褐土均能种植，属浅根性树种。

（4）冬青卫矛：阳性树种，喜光耐阴，要求温暖湿润的气候和肥沃的土壤。酸性土、中性土或微碱性土均能适应。萌生性强，适应性强，在沙质、黏土和石质土壤均能生长，较耐寒，耐干旱瘠薄。

图 2-2-43　围墙外植物措施（二）

紫穗槐

柽柳

紫叶小檗

连翘

植物特性：

（1）紫穗槐：喜干冷气候，耐寒、耐旱、耐湿、耐盐碱，抗风沙、抗逆性极强，对土壤要求不严，以壤土最好。

（2）紫叶小檗：喜冷凉、湿润及阳光充足的环境，对各种土壤都能适应，耐寒、耐瘠、不耐热、不耐湿涝。

（3）柽柳：喜光，耐旱、耐寒，较耐水湿，极耐盐碱、沙荒地。适应性强，对气候土壤要求不严，在黏壤土、沙质壤土及河边冲积土中均可生长。

（4）连翘：耐寒，耐旱，怕水渍，萌发力强，对土壤要求不严，可在棕壤土、褐土、潮土中生长，其中以棕壤土、褐土为最佳。生命力和适应性都非常强，酸性、碱性土均可生长但不耐盐碱，适生范围广。

图 2-2-43　围墙外植物措施（三）

2.2.8 变电站临时防护措施

设计图及图集如图 2-2-44～图 2-2-48 所示。

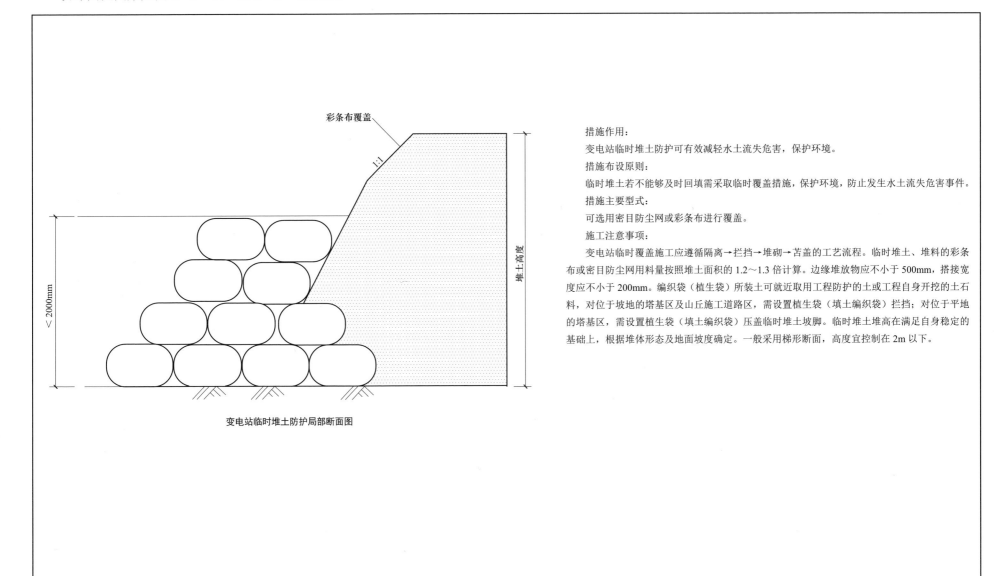

彩条布覆盖

1:1

堆土高度

<2000mm

变电站临时堆土防护局部断面图

措施作用：
变电站临时堆土防护可有效减轻水土流失危害，保护环境。

措施布设原则：
临时堆土若不能够及时回填需采取临时覆盖措施，保护环境，防止发生水土流失危害事件。

措施主要型式：
可选用密目防尘网或彩条布进行覆盖。

施工注意事项：
变电站临时覆盖施工应遵循隔离→拦挡→堆砌→苫盖的工艺流程。临时堆土、堆料的彩条布或密目防尘网用料量按照堆土面积的 1.2～1.3 倍计算。边缘堆放物应不小于 500mm，搭接宽度应不小于 200mm。编织袋（植生袋）所装土可就近取用工程防护的土或工程自身开挖的土石料，对位于坡地的塔基区及山丘施工道路区，需设置植生袋（填土编织袋）拦挡；对位于平地的塔基区，需设置植生袋（填土编织袋）压盖临时堆土坡脚。临时堆土堆高在满足自身稳定的基础上，根据堆体形态及地面坡度确定。一般采用梯形断面，高度宜控制在 2m 以下。

图 2-2-44　变电站临时挡土埂设计图

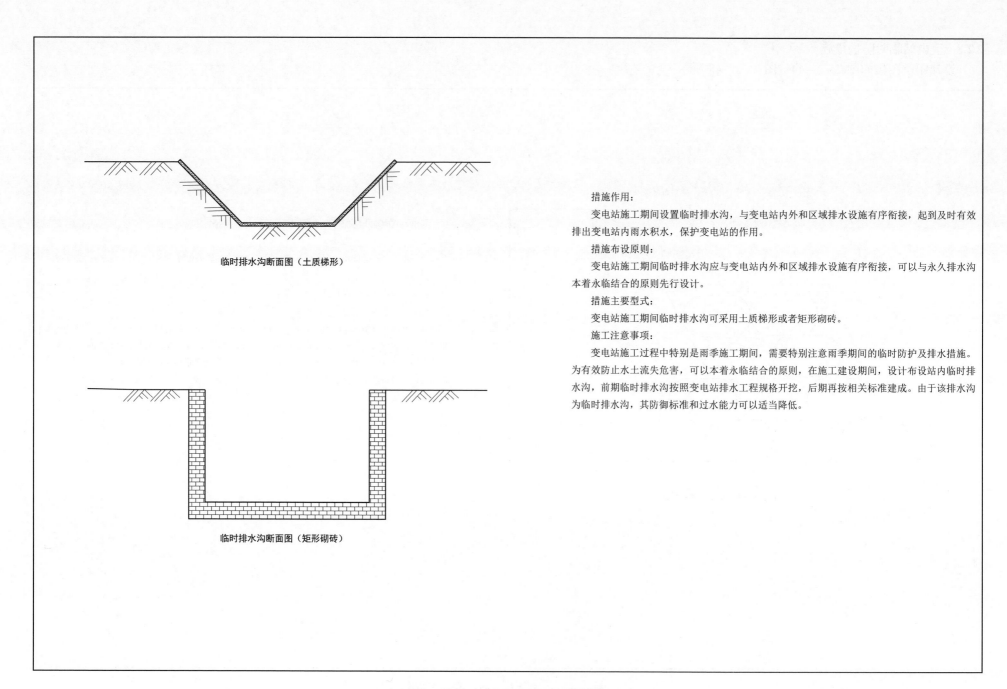

临时排水沟断面图（土质梯形）

临时排水沟断面图（矩形砌砖）

措施作用：

变电站施工期间设置临时排水沟，与变电站内外和区域排水设施有序衔接，起到及时有效排出变电站内雨水积水，保护变电站的作用。

措施布设原则：

变电站施工期间临时排水沟应与变电站内外和区域排水设施有序衔接，可以与永久排水沟本着永临结合的原则先行设计。

措施主要型式：

变电站施工期间临时排水沟可采用土质梯形或者矩形砌砖。

施工注意事项：

变电站施工过程中特别是雨季施工期间，需要特别注意雨季期间的临时防护及排水措施。为有效防止水土流失危害，可以本着永临结合的原则，在施工建设期间，设计布设站内临时排水沟，前期临时排水沟按照变电站排水工程规格开挖，后期再按相关标准建成。由于该排水沟为临时排水沟，其防御标准和过水能力可以适当降低。

图 2-2-45 变电站临时排水沟设计图

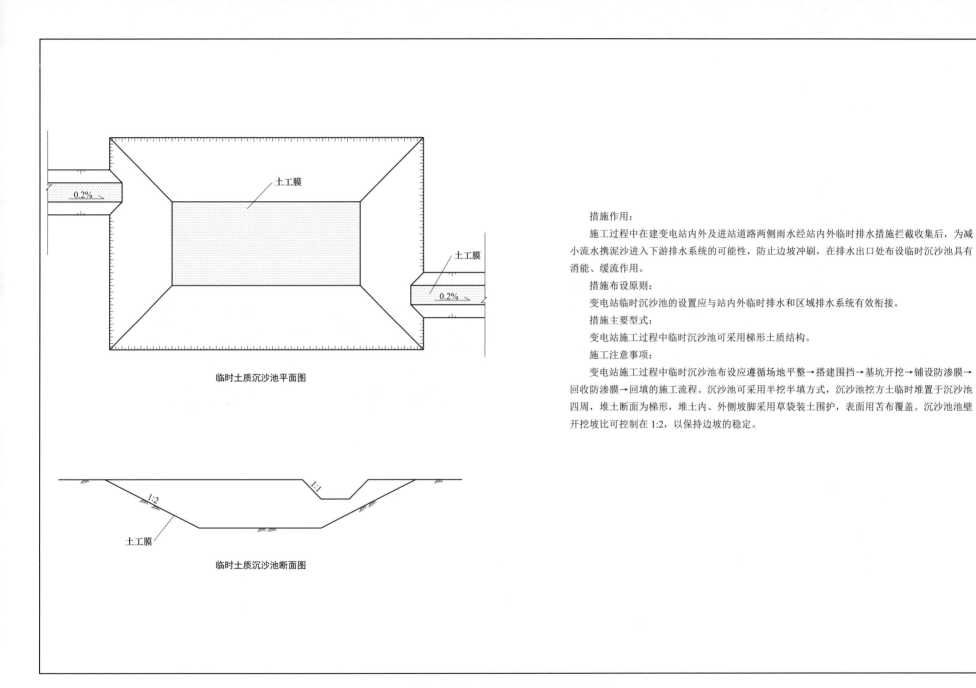

土工膜

0.2%

土工膜

0.2%

临时土质沉沙池平面图

1:1

1:2

土工膜

临时土质沉沙池断面图

措施作用：

施工过程中在建变电站内外及进站道路两侧雨水经站内外临时排水措施拦截收集后，为减小流水携泥沙进入下游排水系统的可能性，防止边坡冲刷，在排水出口处布设临时沉沙池具有消能、缓流作用。

措施布设原则：

变电站临时沉沙池的设置应与站内外临时排水和区域排水系统有效衔接。

措施主要型式：

变电站施工过程中临时沉沙池可采用梯形土质结构。

施工注意事项：

变电站施工过程中临时沉沙池布设应遵循场地平整→搭建围挡→基坑开挖→铺设防渗膜→回收防渗膜→回填的施工流程。沉沙池可采用半挖半填方式，沉沙池挖方土临时堆置于沉沙池四周，堆土断面为梯形，堆土内、外侧坡脚采用草袋装土围护，表面用苫布覆盖。沉沙池池壁开挖坡比可控制在1:2，以保持边坡的稳定。

图 2－2－46　变电站临时沉沙池设计图

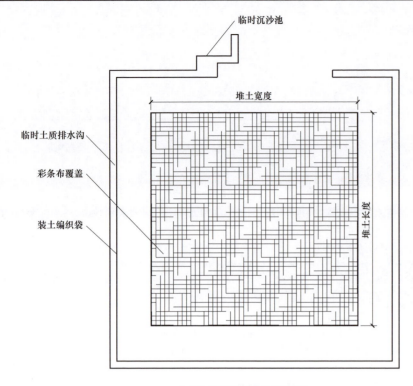

临时沉沙池

临时土质排水沟

彩条布覆盖

装土编织袋

堆土宽度

堆土长度

变电站临时堆土覆盖防护平面图

变电站临时覆盖照片

措施作用：

变电站临时堆土防护可有效减轻水土流失危害，保护环境。

措施布设原则：

临时堆土若不能够及时回填需采取临时覆盖措施，保护环境，防止发生水土流失危害事件。

措施主要型式：

可选用密目防尘网或彩条布进行覆盖。

施工注意事项：

变电站临时覆盖施工应遵循隔离→拦挡→堆砌→苦盖的工艺流程。临时堆土、堆料的彩条布或密目防尘网用料量按照堆土面积的 1.2～1.3 倍计算。边缘堆放物应不小于 500mm，搭接宽度应不小于 200mm。编织袋（植生袋）所装土可就近取用工程防护的土或工程自身开挖的土石料，对位于坡地的塔基区及山丘施工道路区，需设置植生袋（填土编织袋）拦挡；对位于平地的塔基区，需设置植生袋（填土编织袋）压盖临时堆土坡脚。临时堆土堆高在满足自身稳定的基础上，根据堆体形态及地面坡度确定。一般采用梯形断面，高度宜控制在 2m 以下。

图 2-2-47 变电站临时覆盖设计图

变电站临时覆盖照片（一）   变电站临时覆盖照片（二）

图集展示新建变电站施工过程临时覆盖（铺垫）措施实际实施情况。相关照片由输变电工程水土保持监测单位拍摄。

图 2-2-48　变电站临时覆盖图集

3 输电线路部分

3.1 输电线路环境保护措施设计

从电磁环境、声环境、生态环境、大气环境、水环境以及固体废物处置六类环境影响要素的防治分类开展输电线路环境保护技术措施典型设计。

3.1.1 输电线路电磁环境保护措施

输变电设施因载有高电压和大电流，在周围空间产生工频电场、工频磁场、可听噪声和无线电干扰。架空输电线路工频电场大小与分布主要取决于线路电压、导线对地高度、相间距离、相序排列、导线布置方式和导线参数等。线路下方地面工频磁感应强度的大小主要取决于线路输送电流、导线对地高度、相间距离、导线布置方式和相序布置方式等。因此，电磁环境影响控制措施设计主要是在合理选线、合理确定对地高度、优化导线布置方式、合理选择导线参数基础上，采用高压警示和电磁屏蔽等措施。

输电线路产生的工频磁场水平小于《电磁环境控制限值》（GB 8702—2014）中的规定，一般不需要进行屏蔽。采用架设屏蔽线的措施，可有效抑制输电线路线下电磁场。实际工作中，首先合理避让居民居住区，适当抬高导线对地高度，减少对环境的电磁影响，其次在合适的位置，设置醒目的高压标识牌，以警示防止触电的危险。输电线路高压防触电标识如图3-1-1所示。

3.1.2 输电线路声环境保护措施

施工期噪声应满足《建筑施工场界环境噪声排放标准》（GB 12523—2011）的要求。输电线路声环境保护应合理安排工期，文明施工。除工程必须，严禁在 22:00～6:00 期间施工。若因工艺或特殊需要必须连续施工，施工单位应在开工 15 日前出具县级以上人民政府或者其有关主管部门的证明，并公告附近居民。夜间施工时禁止使用高噪声的机械设备；在居民区禁止夜间打桩等作业；

车辆进入施工现场严禁鸣笛。

可采用围挡降噪。施工场地周围应尽早设立硬质围挡等遮挡措施，尽量减少施工噪声对周围声环境的影响。围挡降噪如图3-1-2所示。

图3-1-1 输电线路高压防触电标识

图3-1-2 围挡降噪

3.1.3　输电线路生态环境保护措施

输电线路工程建设对生态环境产生的不利影响主要存在于临时占地对植被、动物、土地资源和生态敏感区的影响，主要来自于土建施工、材料运输、塔基安装和架线施工等。输电线路建设项目施工期临时用地应永临结合，优先利用荒地、劣地；施工占用耕地、园地、林地和草地，应做好表土剥离、分类存放和回填利用。施工临时道路应尽可能利用机耕路、林区小路等现有道路，新建道路应严格控制道路宽度，以减少临时工程对生态环境的影响。施工结束后，应及时清理施工现场，因地制宜进行土地功能恢复。

生态保护措施主要包括植物保护措施、动物保护措施、生态敏感区保护措施、农业生态保护措施、景观保护措施等。植物保护措施主要包括设置施工区隔离和恢复，包含于水土保持典型专项设计中；保护植物标识和保护植物移栽，根据线路经过区域植被多样性程度确定，其中，生态敏感区范围内适当增加。动物保护包括塔基基坑设置盖板、野生动物保护救治等，根据线路经过区域生物多样性程度确定，其中，生态敏感区范围内适当增加。景观保护措施、生态敏感区保护措施主要包含宣传教育、植被保护、施工组织优化等。具体的保护措施设计如下：

1. 植物保护

施工人员提高环境保护意识，保护植被，禁止随意砍伐灌木、随意割草、采药等活动。线路经过林地、果园时，尽量采用较小塔型、高塔跨越、加大铁塔档距等措施并选择影响最小区域通过，按照树木自然生长高度设置导线对地高度，减少建塔数量，以减少占地和林木砍伐，防止破坏生态环境和景观；严禁破坏征地范围之外及不影响施工的林木，对施工中破坏的林草地进行人工补种和抚育。一般情况下，输电线路工程塔基区、施工营地、施工道路、牵张场和跨越场地均应设置围栏隔离，封闭要求不高的，可采取彩条带围护，严格界定施工作业范围，严格控制施工临时占地，尽量减少施工扰动面积，减少植被破坏。禁止采挖、破坏国家野生保护植物，施工过程如遇国家野生保护植物应设置围栏，进行保护。对永久占地范围内的幼苗与幼树实施移植，避免破坏。施工完成后，针对不同区域，设计不同植被恢复措施，进行土地整治，回覆表土，恢复原有土地利用类型。采取斜拉牵张等占地面积小、对植被干扰较小的牵张方式；缩小施工作业范围，施工人员和机械禁止在规定区域外活动，施工便道宽度禁止大于 6m。

围栏、彩条带示意如图 3-1-3 所示。

图 3-1-3　围栏、彩条带示意图

2. 动物保护

施工人员进入施工现场前，进行野生动物保护的相关宣传、教育，强化保护野生动物的环境保护意识。在施工现场设置警示牌和宣传牌，提醒施工人员和过路人员保护野生动物。同时要求加强施工人员的管理，禁止对变电站施工区附近野生动物进行人为干扰和违法捕杀。根据野生动物活动规律，合理规划协调施工工期，最大限度避开野生动物的重要生理活动期，如繁殖期（5～8月）中的高峰时段，并避开沿线地区鸟类，尤其是珍稀鸟类的迁徙、越冬期。合理控制施工范围，控制施工噪声，减轻对野生动物的不良影响。重视夜间运输车辆灯光对野生动物的影响，野生动物保护区及频繁出没线段，合理设置交通运输线路，严格控制在敏感区界的夜间施工。必要的情况下，可考虑在铁塔休息平台、导线横担防护范围外的位置设置人工鸟巢。线路通道内的人工鸟巢应设置在线路边相导线安全距离以外，便于鸟类停留栖息且不影响线路安全运行。若鸟类已在铁塔上筑巢，可将原生鸟巢拆下，整体移入人工鸟巢。

3. 生态敏感区保护

对处于生态敏感（脆弱）区的输电线路工程，工程建设实施以"减少扰动，加强抚育"为根本的生态保护策略。设计要最大限度优化线路走廊，减少占地面积；施工阶段，严格施工组织管理，划定施工作业范围，最大限度减少施工扰动；施工结束后，积极采取植被恢复及生态抚育措施。涉及自然保护区和饮用水水源地保护区等环境敏感区的输电线路，建设单位应加强施工过程的管理，开展环境保护培训，明确保护对象和保护要求，严格控制施工影响范围，确定适宜的施工季节和施工方式，减少对环境保护对象的不利影响。

4. 农业生态保护

输电线路建设要最大限度优化路径选择和塔位设置，减少耕地占用，尽可能占用耕田边角的荒地与草地等；保存塔基开挖处熟化土和表层土，将表层熟土和生土分开堆放，临时堆土集中堆放至田埂或田头边坡，不得覆压征用范围外农田，回填时按照土层顺序实施。施工临时道路应尽可能利用机耕路、现有道路，新建道路应严格控制道路宽度。施工结束后，应及时清理施工现场，因地制宜进行土地功能恢复，占用耕地的进行土地复垦，恢复耕地。表土钢板防护、表土剥离集中堆放防护如图 3-1-4 所示。

图 3-1-4 表土钢板防护、表土剥离集中堆放防护

5. 景观保护

线路工程施工场地和施工营地尽量租用现有民房、场院等，减少新增占地面积。施工人员和机械在规定区域进行施工活动，生活垃圾和建筑垃圾集中收集处理，不得随意抛撒。及时进行各类临时占地的植被恢复，达到与周边自然环境协调，消除对自然生态景观的视觉污染，恢复到或接近原有自然生态景观。

3.1.4 输电线路大气环境保护措施

输电线路施工现场的扬尘主要来源于塔基基础开挖、物料运输和使用、施工现场内车辆行驶等。考虑线路工程特点，可采用洒水降尘、密闭运输、防尘网覆盖等。

1. 洒水降尘

线路各个起尘施工点应进行洒水降尘。洒水降尘应根据当时施工点起尘情况进行调整，以满足现场施工作业的需要。

2. 密闭运输

渣土、土石方及建筑材料等运输必须采用密闭汽车，防止沿途洒漏。运输

汽车类同变电站。

3. 防尘网覆盖

线路工程相关起尘物质堆放点应进行遮盖。遮盖应根据当时起尘物质进行全覆盖，不留死角。防尘网覆盖如图 3-1-5 所示。

图 3-1-5 防尘网覆盖

3.1.5 输电线路水环境保护措施

线路工程水污染源主要为施工废水、生活污水。施工生产废水主要在灌注桩基础施工及基础养护等过程中产生，生活污水主要来自于施工期施工人员的生活排水。输电线路水环境保护措施主要包括移动厕所、泥浆沉淀池、移动式污水处理设备、用油设备漏油防护措施等。

1. 移动厕所

线路工程施工可配置移动厕所，配置要求与变电站工程基本相似，考虑线路工程分散、施工人员较少，移动厕所的个数及容积应根据施工人员的多少进行调整，以满足现场施工人员的需要。

2. 泥浆沉淀池

泥浆沉淀池主要用于输电线路工程灌注桩基础施工、钻头冷却产生的泥浆废水的处理处置。泥浆沉淀池设置的位置、个数及容积应根据施工地点的变化进行调整，以满足现场施工泥浆废水处理的需要。施工中，及时清理沉淀池；清理出来的沉渣集中外运至指定的渣土处理场所处理。施工完毕后，应及时清除泥浆沉淀池内泥浆及沉渣，及时回填、压实、整平，恢复植被或原有土地功能。泥浆沉淀池如图 3-1-6 所示。

图 3-1-6 泥浆沉淀池

3. 移动式污水处理设备

线路工程在施工过程中可配套移动式污水处理设备。移动式污水处理设备及容积应根据施工人员的多少进行调整，以满足现场施工人员的需要。

4. 用油设备漏油防护措施

线路工程施工过程中，用油设备可以采用隔油垫、吸油毡等，防止意外漏油对施工作业区域造成污染。

3.1.6 输电线路固体废物处理措施

输电线路工程固体废物产生在施工期，主要为建筑垃圾和生活垃圾，其中建筑垃圾指线路走廊下拆除建筑物以及塔基建设过程中所产生的弃土、弃料、碎砖瓦、废沥青、废旧管材等其他废弃物。应分类集中收集，并按国家和地方有关规定定期进行清运处置，施工完成后及时做好清理工作。

1. 建筑垃圾清运

线路施工过程中应安排车辆对民房拆迁后的建设垃圾进行集中收集，并运输至当地市政部门规定的建筑垃圾堆放场进行集中处理。清运车辆和要求与变电站类同。

2. 废料及包装物处置

施工期产生的废料和包装废弃物，其中废料包括加工废料、废旧工器具、废旧橡胶塑料产品等；包装废弃物包括废弃玻璃瓶、金属桶、罐子、塑薄膜袋、纸箱、纸盒等。可回收物品由建设单位统一分类回收，可回用的包装物应优先回用于工程，混凝土块、碎石块、废砂浆等不可回收建筑垃圾集中后按照主管部门的规定，经批准的时间、路线清运，统一运至指定地点处理。

3.2 输电线路水土保持措施设计

3.2.1 塔基区水土保持措施布设

水土流失防治措施布设图如图 3-2-1～图 3-2-19 所示。

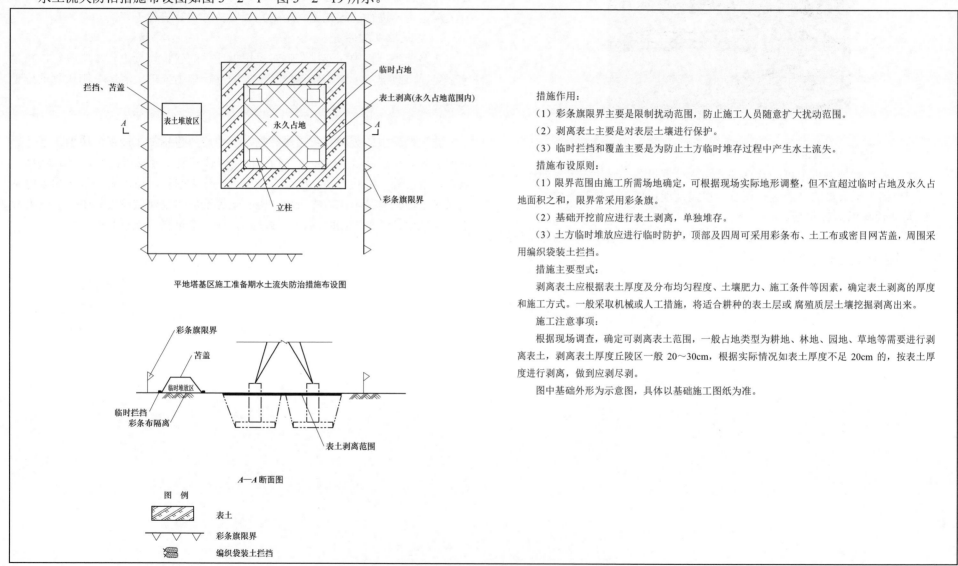

平地塔基区施工准备期水土流失防治措施布设图

A—A 断面图

图　例

措施作用：

（1）彩条旗限界主要是限制扰动范围，防止施工人员随意扩大扰动范围。

（2）剥离表土主要是对表层土壤进行保护。

（3）临时拦挡和覆盖主要是为防止土方临时堆存过程中产生水土流失。

措施布设原则：

（1）限界范围由施工所需场地确定，可根据现场实际地形调整，但不宜超过临时占地及永久占地面积之和，限界常采用彩条旗。

（2）基础开挖前应进行表土剥离，单独堆存。

（3）土方临时堆放应进行临时防护，顶部及四周可采用彩条布、土工布或密目网苫盖，周围采用编织袋装土拦挡。

措施主要型式：

剥离表土应根据表土厚度及分布均匀程度、土壤肥力、施工条件等因素，确定表土剥离的厚度和施工方式。一般采取机械或人工措施，将适合耕种的表土层或腐殖质层土壤挖掘剥离出来。

施工注意事项：

根据现场调查，确定可剥离表土范围，一般占地类型为耕地、林地、园地、草地等需要进行剥离表土，剥离表土厚度丘陵区一般 20～30cm，根据实际情况如表土厚度不足 20cm 的，按表土厚度进行剥离，做到应剥尽剥。

图中基础外形为示意图，具体以基础施工图纸为准。

图 3-2-1　平地塔基区施工准备期水土流失防治措施布设图

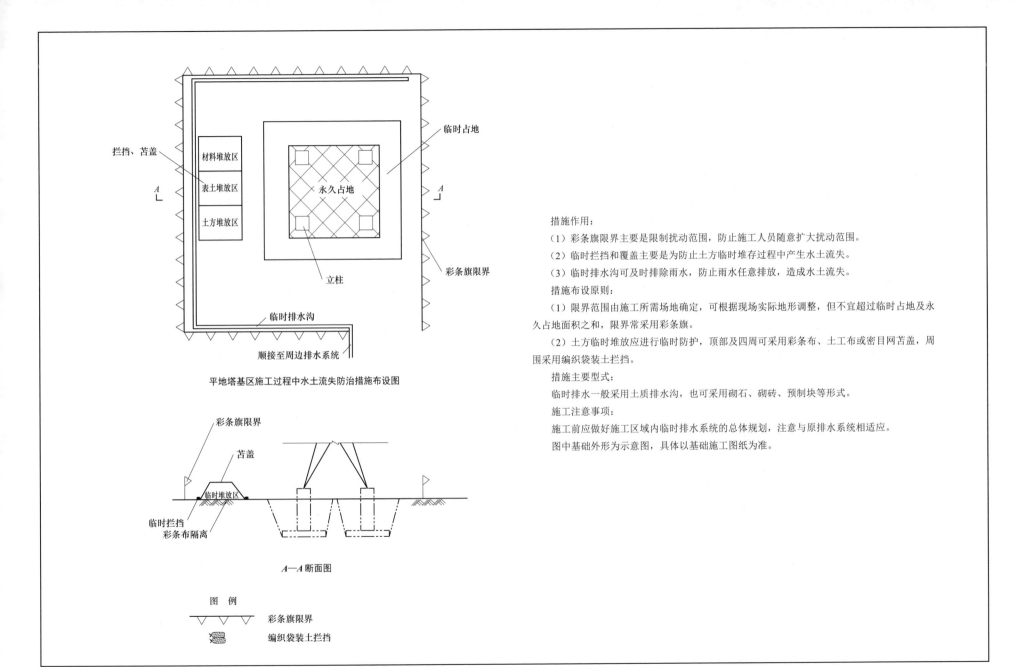

拦挡、苫盖

材料堆放区

表土堆放区

土方堆放区

A

临时占地

永久占地

立柱

A

彩条旗限界

临时排水沟

顺接至周边排水系统

平地塔基区施工过程中水土流失防治措施布设图

彩条旗限界

苫盖

临时堆放区

临时拦挡

彩条布隔离

A—A 断面图

图 例

彩条旗限界

编织袋装土拦挡

措施作用：

（1）彩条旗限界主要是限制扰动范围，防止施工人员随意扩大扰动范围。

（2）临时拦挡和覆盖主要是为防止土方临时堆存过程中产生水土流失。

（3）临时排水沟可及时排除雨水，防止雨水任意排放，造成水土流失。

措施布设原则：

（1）限界范围由施工所需场地确定，可根据现场实际地形调整，但不宜超过临时占地及永久占地面积之和，限界常采用彩条旗。

（2）土方临时堆放应进行临时防护，顶部及四周可采用彩条布、土工布或密目网苫盖，周围采用编织袋装土拦挡。

措施主要型式：

临时排水一般采用土质排水沟，也可采用砌石、砌砖、预制块等形式。

施工注意事项：

施工前应做好施工区域内临时排水系统的总体规划，注意与原排水系统相适应。

图中基础外形为示意图，具体以基础施工图纸为准。

图 3-2-2　平地塔基区施工过程中水土流失防治措施布设图

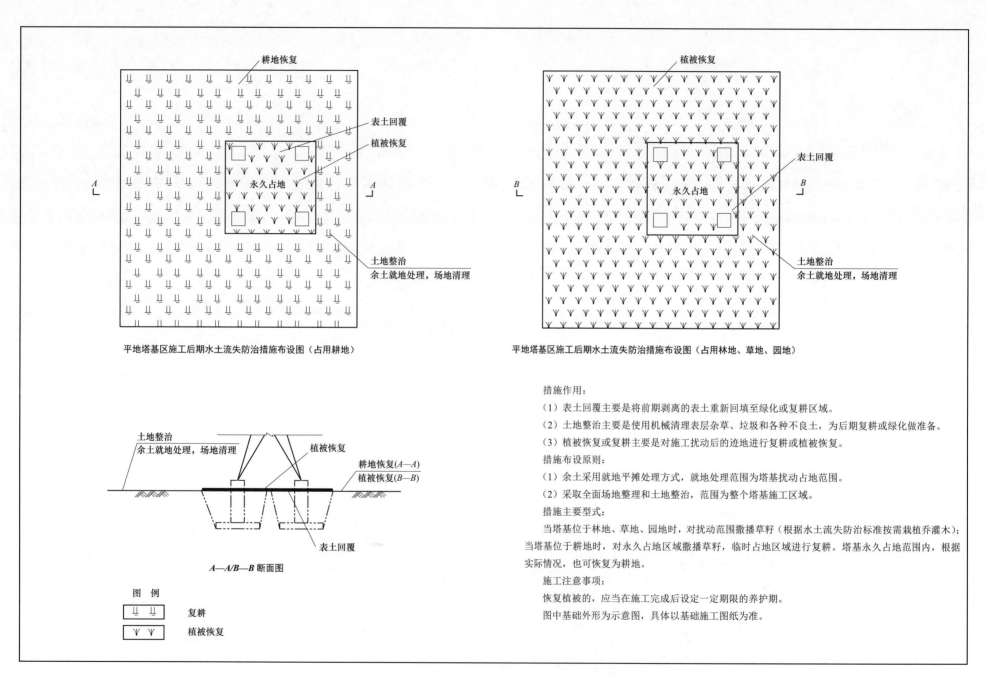

平地塔基区施工后期水土流失防治措施布设图（占用耕地）

平地塔基区施工后期水土流失防治措施布设图（占用林地、草地、园地）

A—A/B—B 断面图

图　例

⊥⊥ ⊥⊥	复耕
∨ ∨∨	植被恢复

措施作用：

（1）表土回覆主要是将前期剥离的表土重新回填至绿化或复耕区域。

（2）土地整治主要是使用机械清理表层杂草、垃圾和各种不良土，为后期复耕或绿化做准备。

（3）植被恢复或复耕主要是对施工扰动后的迹地进行复耕或植被恢复。

措施布设原则：

（1）余土采用就地平摊处理方式，就地处理范围为塔基扰动占地范围。

（2）采取全面场地整理和土地整治，范围为整个塔基施工区域。

措施主要型式：

当塔基位于林地、草地、园地时，对扰动范围撒播草籽（根据水土流失防治标准按需栽植乔灌木）；当塔基位于耕地时，对永久占地区域撒播草籽，临时占地区域进行复耕。塔基永久占地范围内，根据实际情况，也可恢复为耕地。

施工注意事项：

恢复植被的，应当在施工完成后设定一定期限的养护期。

图中基础外形为示意图，具体以基础施工图纸为准。

图 3－2－3　平地塔基区施工后期水土流失防治措施布设图

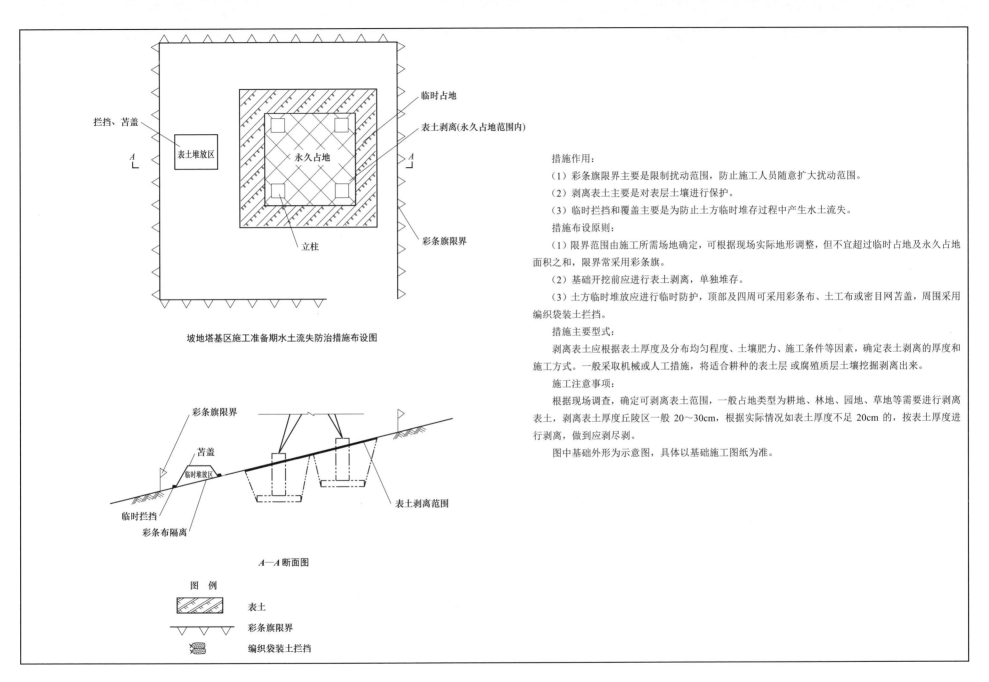

坡地塔基区施工准备期水土流失防治措施布设图

A—A断面图

图 例

	表土
	彩条旗限界
	编织袋装土拦挡

措施作用：

（1）彩条旗限界主要是限制扰动范围，防止施工人员随意扩大扰动范围。

（2）剥离表土主要是对表层土壤进行保护。

（3）临时拦挡和覆盖主要是为防止土方临时堆存过程中产生水土流失。

措施布设原则：

（1）限界范围由施工所需场地确定，可根据现场实际地形调整，但不宜超过临时占地及永久占地面积之和，限界常采用彩条旗。

（2）基础开挖前应进行表土剥离，单独堆存。

（3）土方临时堆放应进行临时防护，顶部及四周可采用彩条布、土工布或密目网苫盖，周围采用编织袋装土拦挡。

措施主要型式：

剥离表土应根据表土厚度及分布均匀程度、土壤肥力、施工条件等因素，确定表土剥离的厚度和施工方式。一般采取机械或人工措施，将适合耕种的表土层或腐殖质层土壤挖掘剥离出来。

施工注意事项：

根据现场调查，确定可剥离表土范围，一般占地类型为耕地、林地、园地、草地等需要进行剥离表土，剥离表土厚度丘陵区一般 20～30cm，根据实际情况如表土厚度不足 20cm 的，按表土厚度进行剥离，做到应剥尽剥。

图中基础外形为示意图，具体以基础施工图纸为准。

图 3－2－4 坡地塔基区施工准备期水土流失防治措施布设图

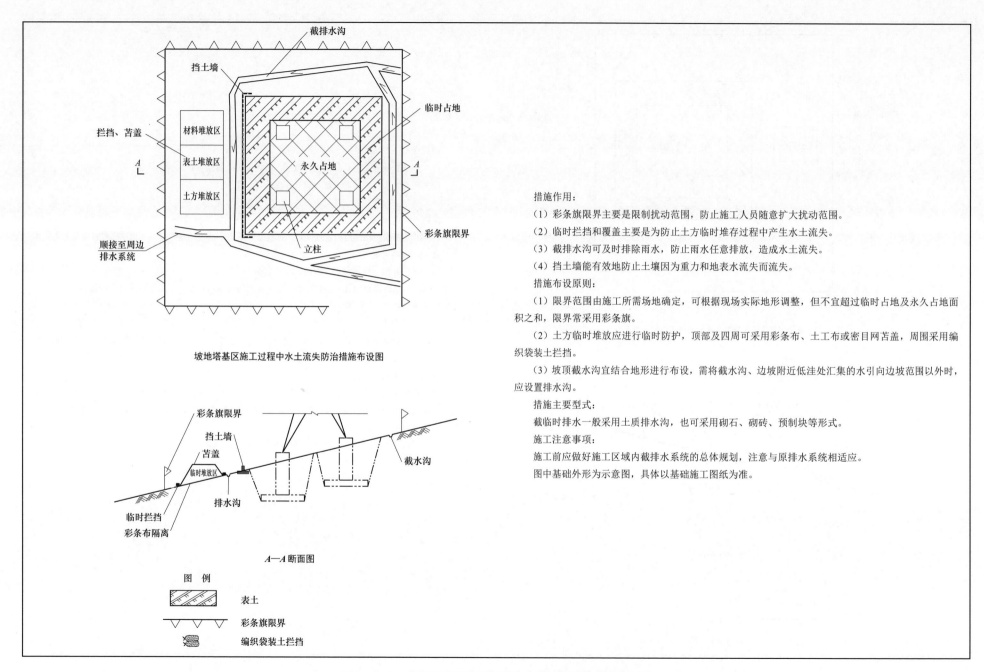

截排水沟

挡土墙

材料堆放区

表土堆放区

土方堆放区

拦挡、苦盖

A

顺接至周边
排水系统

临时占地

永久占地

A

彩条旗限界

立柱

坡地塔基区施工过程中水土流失防治措施布设图

彩条旗限界

挡土墙

苦盖

临时堆放区

临时拦挡

彩条布隔离

排水沟

截水沟

$A—A$ 断面图

图　例

表土

彩条旗限界

编织袋装土拦挡

措施作用：

（1）彩条旗限界主要是限制扰动范围，防止施工人员随意扩大扰动范围。

（2）临时拦挡和覆盖主要是为防止土方临时堆存过程中产生水土流失。

（3）截排水沟可及时排除雨水，防止雨水任意排放，造成水土流失。

（4）挡土墙能有效地防止土壤因为重力和地表水流失而流失。

措施布设原则：

（1）限界范围由施工所需场地确定，可根据现场实际地形调整，但不宜超过临时占地及永久占地面积之和，限界常采用彩条旗。

（2）土方临时堆放应进行临时防护，顶部及四周可采用彩条布、土工布或密目网苦盖，周围采用编织袋装土拦挡。

（3）坡顶截水沟宜结合地形进行布设，需将截水沟、边坡附近低洼处汇集的水引向边坡范围以外时，应设置排水沟。

措施主要型式：

截临时排水一般采用土质排水沟，也可采用砌石、砌砖、预制块等形式。

施工注意事项：

施工前应做好施工区域内截排水系统的总体规划，注意与原排水系统相适应。

图中基础外形为示意图，具体以基础施工图纸为准。

图 3-2-5　坡地塔基区施工过程中水土流失防治措施布设图

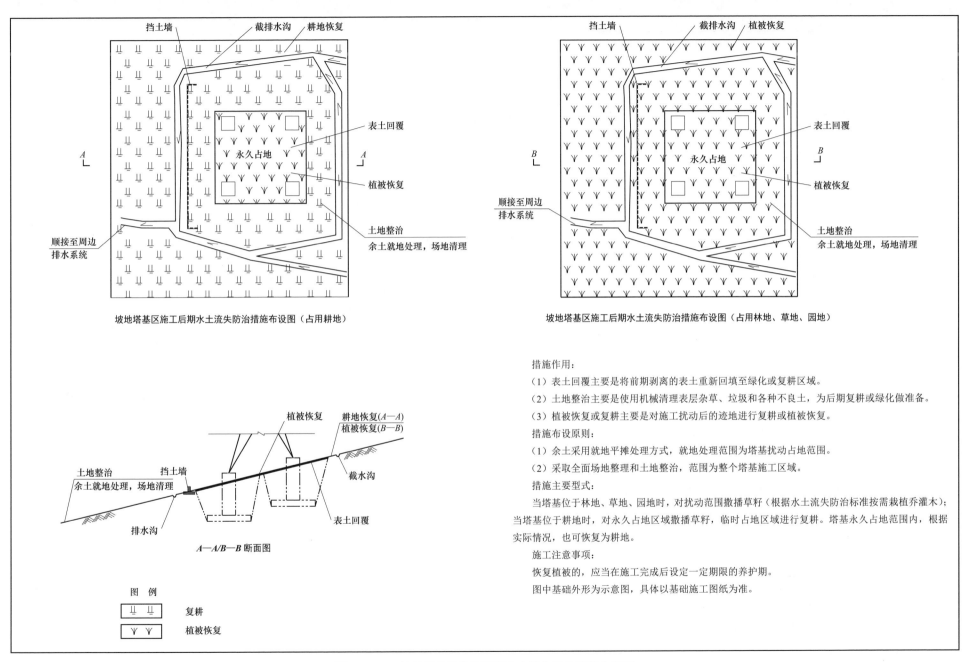

坡地塔基区施工后期水土流失防治措施布设图（占用耕地）

坡地塔基区施工后期水土流失防治措施布设图（占用林地、草地、园地）

A—A/B—B 断面图

图　例

复耕

植被恢复

措施作用：

（1）表土回覆主要是将前期剥离的表土重新回填至绿化或复耕区域。

（2）土地整治主要是使用机械清理表层杂草、垃圾和各种不良土，为后期复耕或绿化做准备。

（3）植被恢复或复耕主要是对施工扰动后的迹地进行复耕或植被恢复。

措施布设原则：

（1）余土采用就地平摊处理方式，就地处理范围为塔基扰动占地范围。

（2）采取全面场地整理和土地整治，范围为整个塔基施工区域。

措施主要型式：

当塔基位于林地、草地、园地时，对扰动范围撒播草籽（根据水土流失防治标准按需栽植乔灌木）；当塔基位于耕地时，对永久占地区域撒播草籽，临时占地区域进行复耕。塔基永久占地范围内，根据实际情况，也可恢复为耕地。

施工注意事项：

恢复植被的，应当在施工完成后设定一定期限的养护期。

图中基础外形为示意图，具体以基础施工图纸为准。

图 3-2-6　坡地塔基区施工后期水土流失防治措施布设图

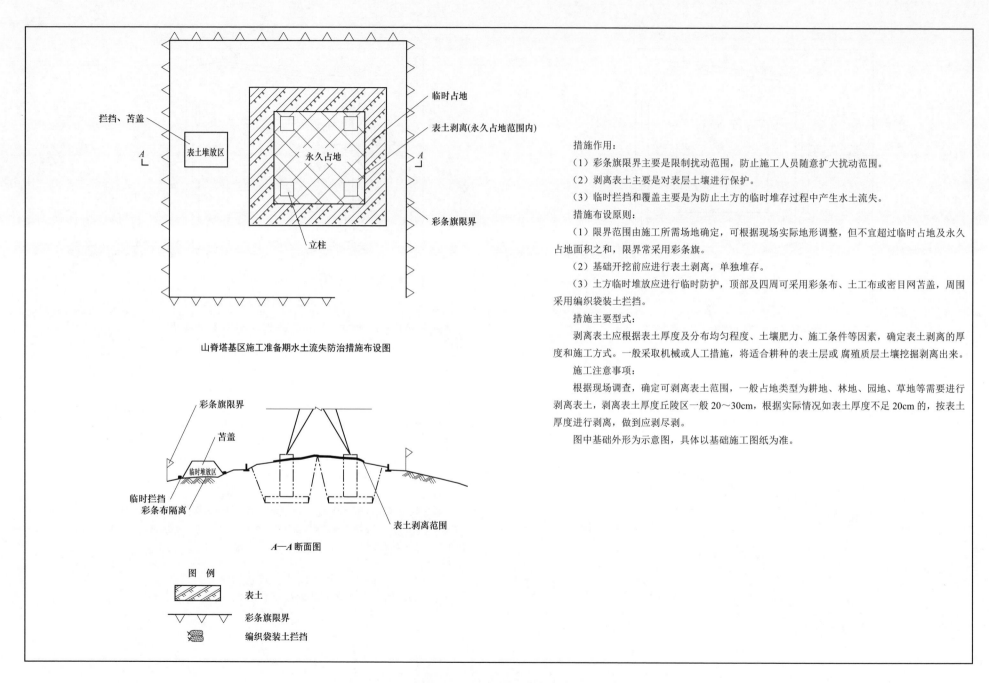

措施作用：

（1）彩条旗限界主要是限制扰动范围，防止施工人员随意扩大扰动范围。

（2）剥离表土主要是对表层土壤进行保护。

（3）临时拦挡和覆盖主要是为防止土方的临时堆存过程中产生水土流失。

措施布设原则：

（1）限界范围由施工所需场地确定，可根据现场实际地形调整，但不宜超过临时占地及永久占地面积之和，限界常采用彩条旗。

（2）基础开挖前应进行表土剥离，单独堆存。

（3）土方临时堆放应进行临时防护，顶部及四周可采用彩条布、土工布或密目网苫盖，周围采用编织袋装土拦挡。

措施主要型式：

剥离表土应根据表土厚度及分布均匀程度、土壤肥力、施工条件等因素，确定表土剥离的厚度和施工方式。一般采取机械或人工措施，将适合耕种的表土层或腐殖质层土壤挖掘剥离出来。

施工注意事项：

根据现场调查，确定可剥离表土范围，一般占地类型为耕地、林地、园地、草地等需要进行剥离表土，剥离表土厚度丘陵区一般 20～30cm，根据实际情况如表土厚度不足 20cm 的，按表土厚度进行剥离，做到应剥尽剥。

图中基础外形为示意图，具体以基础施工图纸为准。

山脊塔基区施工准备期水土流失防治措施布设图

A—A 断面图

图 例

	表土
	彩条旗限界
	编织袋装土拦挡

图 3-2-7　山脊塔基区施工准备期水土流失防治措施布设图

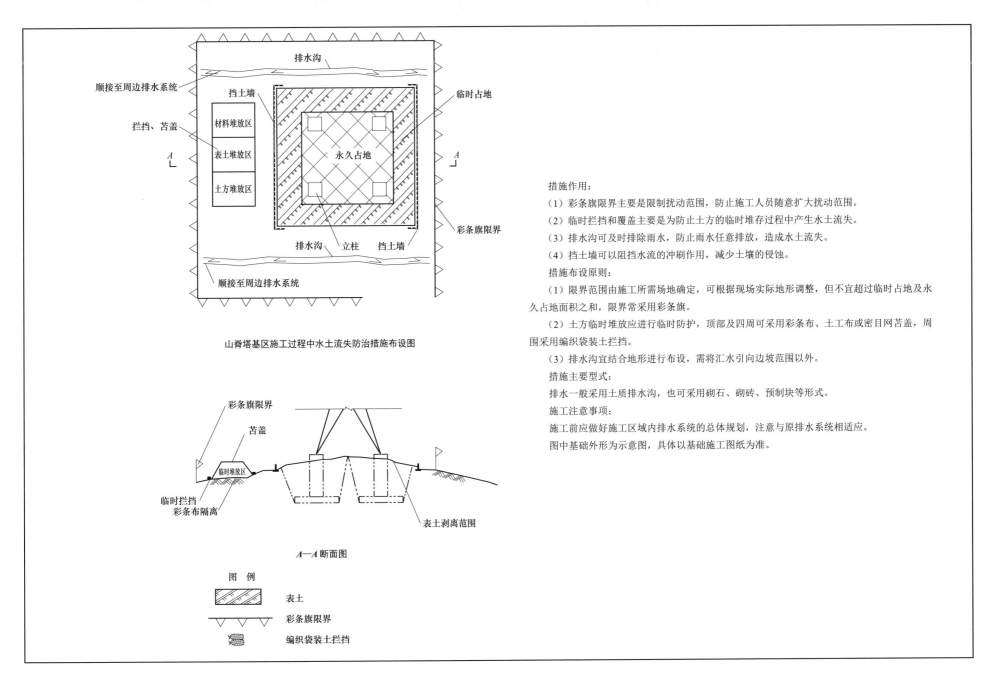

山脊塔基区施工过程中水土流失防治措施布设图

A—A 断面图

图　例

| 表土 |
| 彩条旗限界 |
| 编织袋装土拦挡 |

措施作用：

（1）彩条旗限界主要是限制扰动范围，防止施工人员随意扩大扰动范围。

（2）临时拦挡和覆盖主要是为防止土方的临时堆存过程中产生水土流失。

（3）排水沟可及时排除雨水，防止雨水任意排放，造成水土流失。

（4）挡土墙可以阻挡水流的冲刷作用，减少土壤的侵蚀。

措施布设原则：

（1）限界范围由施工所需场地确定，可根据现场实际地形调整，但不宜超过临时占地及永久占地面积之和，限界常采用彩条旗。

（2）土方临时堆放应进行临时防护，顶部及四周可采用彩条布、土工布或密目网苫盖，周围采用编织袋装土拦挡。

（3）排水沟宜结合地形进行布设，需将汇水引向边坡范围以外。

措施主要型式：

排水一般采用土质排水沟，也可采用砌石、砌砖、预制块等形式。

施工注意事项：

施工前应做好施工区域内排水系统的总体规划，注意与原排水系统相适应。

图中基础外形为示意图，具体以基础施工图纸为准。

图 3-2-8　山脊塔基区施工过程中水土流失防治措施布设图

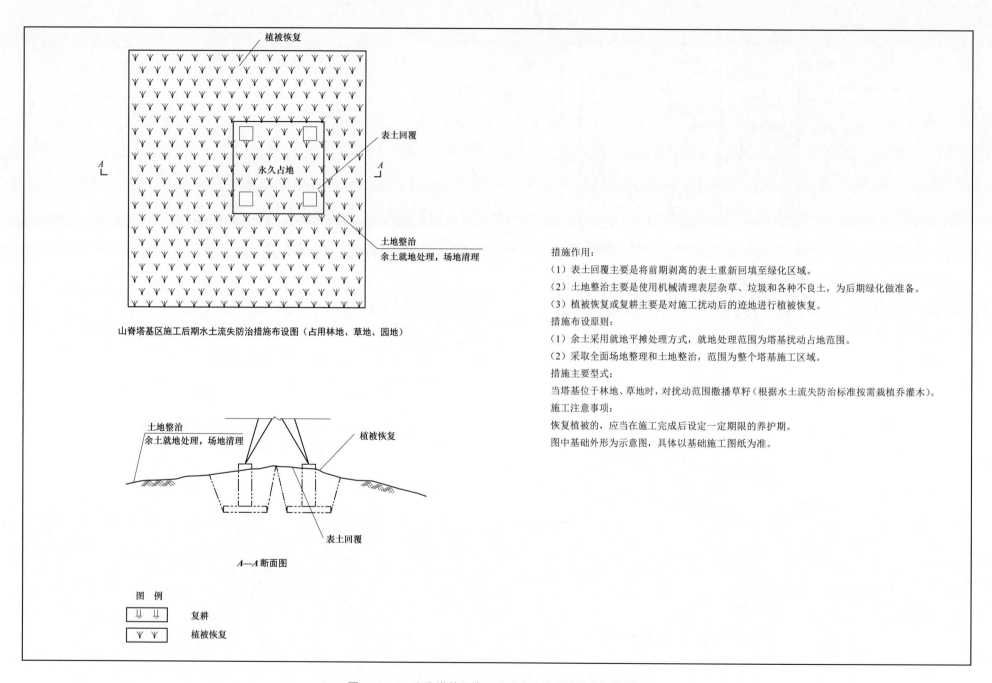

植被恢复

表土回覆

永久占地

土地整治
余土就地处理，场地清理

山脊塔基区施工后期水土流失防治措施布设图（占用林地、草地、园地）

土地整治
余土就地处理，场地清理

植被恢复

表土回覆

A—A 断面图

图　例

| 复耕 |
| 植被恢复 |

措施作用：
（1）表土回覆主要是将前期剥离的表土重新回填至绿化区域。
（2）土地整治主要是使用机械清理表层杂草、垃圾和各种不良土，为后期绿化做准备。
（3）植被恢复或复耕主要是对施工扰动后的迹地进行植被恢复。

措施布设原则：
（1）余土采用就地平摊处理方式，就地处理范围为塔基扰动占地范围。
（2）采取全面场地整理和土地整治，范围为整个塔基施工区域。

措施主要型式：
当塔基位于林地、草地时，对扰动范围撒播草籽（根据水土流失防治标准按需栽植乔灌木）。

施工注意事项：
恢复植被的，应当在施工完成后设定一定期限的养护期。
图中基础外形为示意图，具体以基础施工图纸为准。

图 3-2-9　山脊塔基区施工后期水土流失防治措施布设图

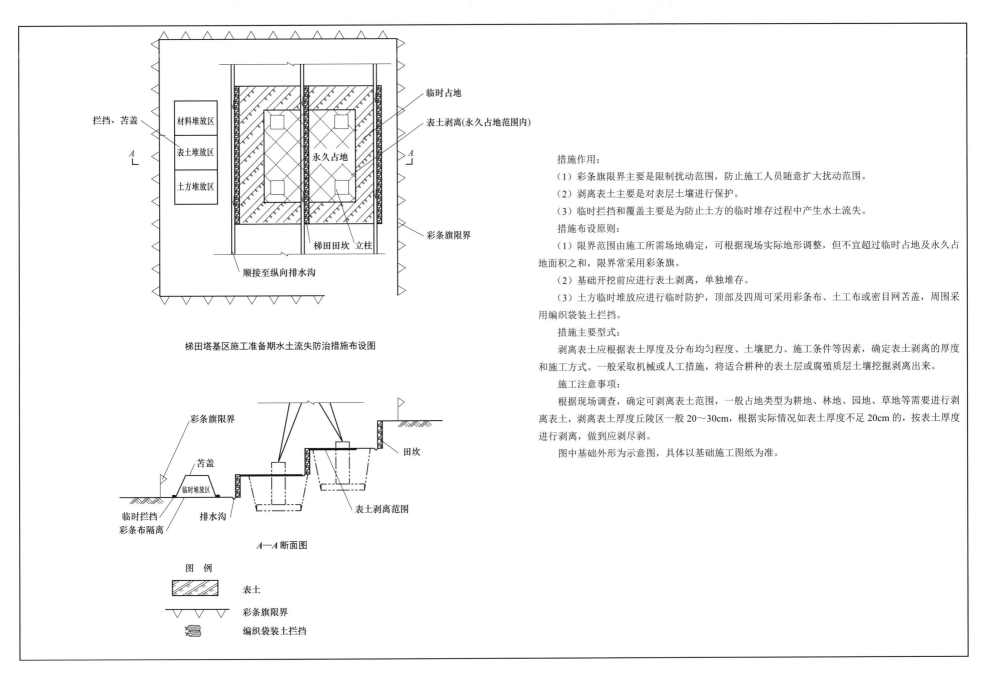

材料堆放区

表土堆放区

土方堆放区

拦挡、苫盖

临时占地

表土剥离(永久占地范围内)

永久占地

彩条旗限界

梯田田坎 立柱

顺接至纵向排水沟

梯田塔基区施工准备期水土流失防治措施布设图

彩条旗限界

苫盖

临时堆放区

临时拦挡
彩条布隔离

排水沟

田坎

表土剥离范围

A—A 断面图

图　例

表土

彩条旗限界

编织袋装土拦挡

措施作用：

（1）彩条旗限界主要是限制扰动范围，防止施工人员随意扩大扰动范围。

（2）剥离表土主要是对表层土壤进行保护。

（3）临时拦挡和覆盖主要是为防止土方的临时堆存过程中产生水土流失。

措施布设原则：

（1）限界范围由施工所需场地确定，可根据现场实际地形调整，但不宜超过临时占地及永久占地面积之和，限界常采用彩条旗。

（2）基础开挖前应进行表土剥离，单独堆存。

（3）土方临时堆放应进行临时防护，顶部及四周可采用彩条布、土工布或密目网苫盖，周围采用编织袋装土拦挡。

措施主要型式：

剥离表土应根据表土厚度及分布均匀程度、土壤肥力、施工条件等因素，确定表土剥离的厚度和施工方式。一般采取机械或人工措施，将适合耕种的表土层或腐殖质层土壤挖掘剥离出来。

施工注意事项：

根据现场调查，确定可剥离表土范围，一般占地类型为耕地、林地、园地、草地等需要进行剥离表土，剥离表土厚度丘陵区一般 20～30cm，根据实际情况如表土厚度不足 20cm 的，按表土厚度进行剥离，做到应剥尽剥。

图中基础外形为示意图，具体以基础施工图纸为准。

图 3－2－10　梯田塔基区施工准备期水土流失防治措施布设图

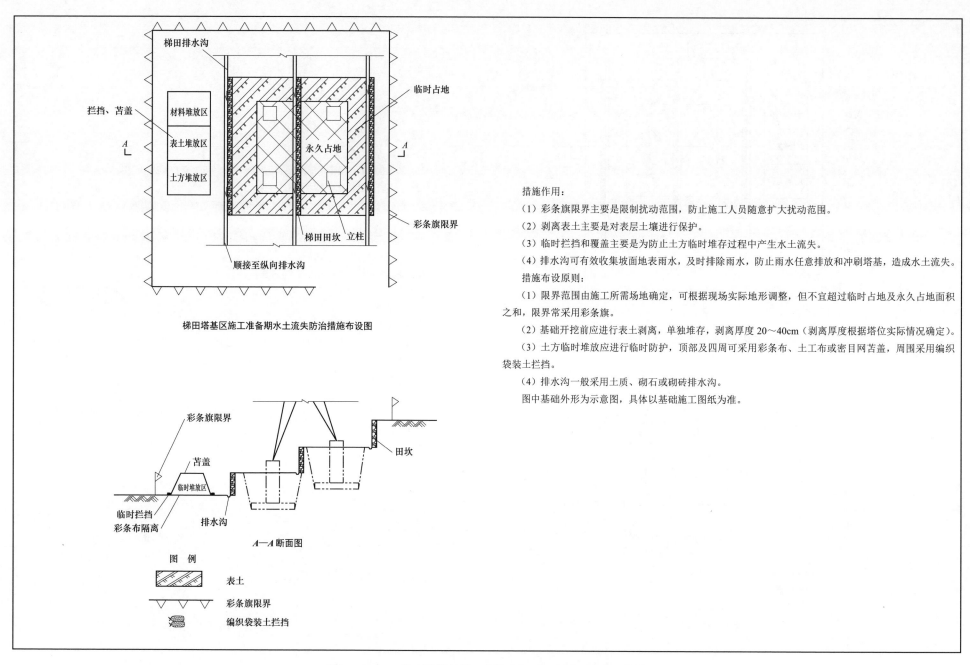

梯田塔基区施工准备期水土流失防治措施布设图

A—A断面图

图 例

表土

彩条旗限界

编织袋装土拦挡

措施作用:

(1) 彩条旗限界主要是限制扰动范围,防止施工人员随意扩大扰动范围。

(2) 剥离表土主要是对表层土壤进行保护。

(3) 临时拦挡和覆盖主要是为防止土方临时堆存过程中产生水土流失。

(4) 排水沟可有效收集坡面地表雨水,及时排除雨水,防止雨水任意排放和冲刷塔基,造成水土流失。

措施布设原则:

(1) 限界范围由施工所需场地确定,可根据现场实际地形调整,但不宜超过临时占地及永久占地面积之和,限界常采用彩条旗。

(2) 基础开挖前应进行表土剥离,单独堆存,剥离厚度20~40cm(剥离厚度根据塔位实际情况确定)。

(3) 土方临时堆放应进行临时防护,顶部及四周可采用彩条布、土工布或密目网苫盖,周围采用编织袋装土拦挡。

(4) 排水沟一般采用土质、砌石或砌砖排水沟。

图中基础外形为示意图,具体以基础施工图纸为准。

图 3-2-11　梯田塔基区施工过程中水土流失防治措施布设图

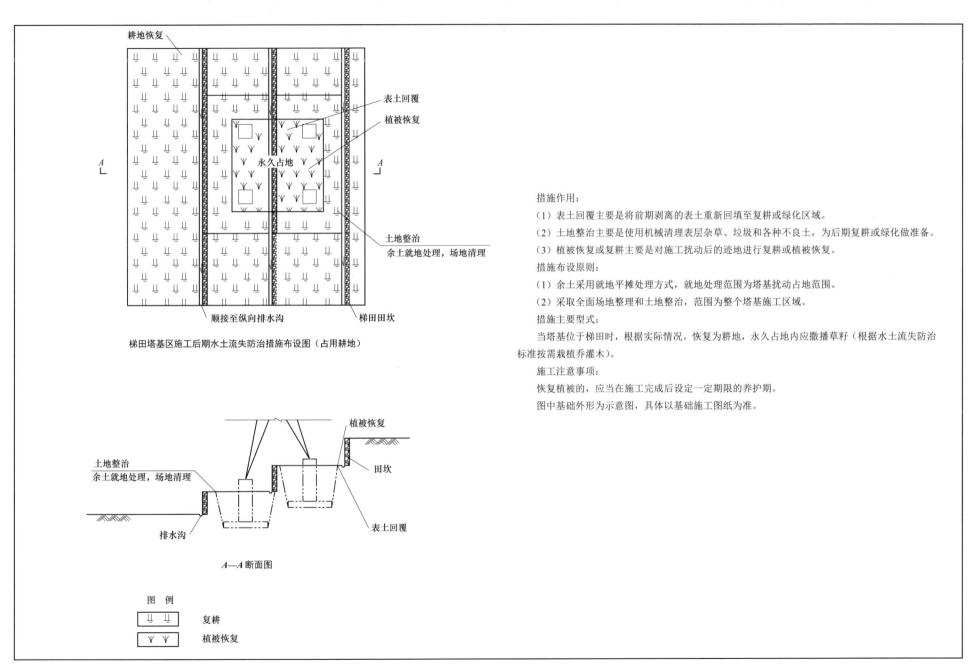

耕地恢复

表土回覆

植被恢复

永久占地

土地整治
余土就地处理，场地清理

顺接至纵向排水沟

梯田田坎

梯田塔基区施工后期水土流失防治措施布设图（占用耕地）

措施作用：

（1）表土回覆主要是将前期剥离的表土重新回填至复耕或绿化区域。

（2）土地整治主要是使用机械清理表层杂草、垃圾和各种不良土，为后期复耕或绿化做准备。

（3）植被恢复或复耕主要是对施工扰动后的迹地进行复耕或植被恢复。

措施布设原则：

（1）余土采用就地平摊处理方式，就地处理范围为塔基扰动占地范围。

（2）采取全面场地整理和土地整治，范围为整个塔基施工区域。

措施主要型式：

当塔基位于梯田时，根据实际情况，恢复为耕地，永久占地内应撒播草籽（根据水土流失防治标准按需栽植乔灌木）。

施工注意事项：

恢复植被的，应当在施工完成后设定一定期限的养护期。

图中基础外形为示意图，具体以基础施工图纸为准。

植被恢复

土地整治
余土就地处理，场地清理

田坎

排水沟

表土回覆

A—A 断面图

图 例

| ⊔ ⊔ | 复耕 |
| Y Y | 植被恢复 |

图 3-2-12　梯田塔基区施工后期水土流失防治措施布设图

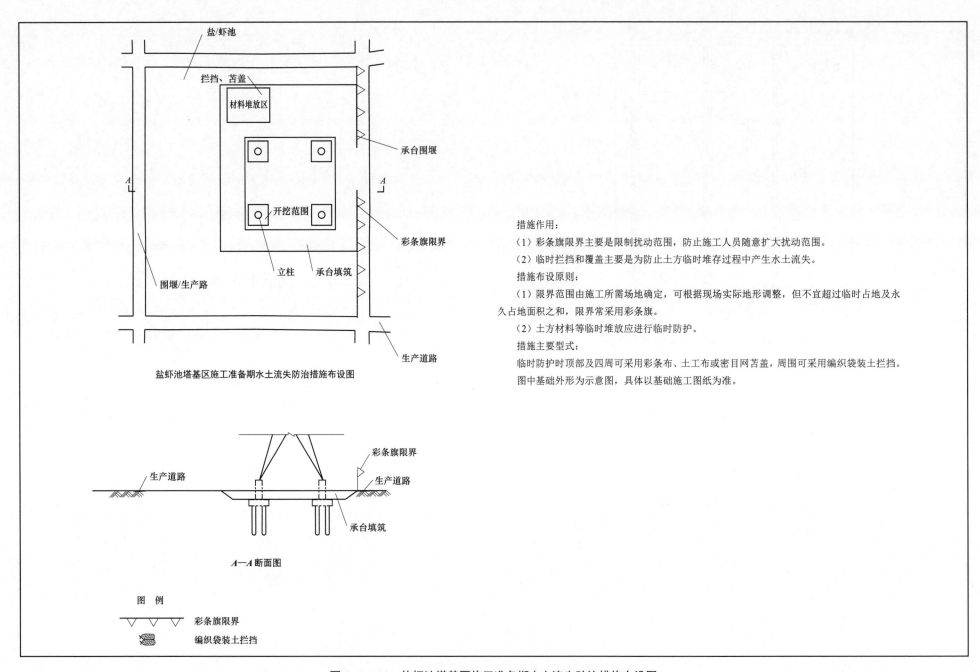

盐虾池塔基区施工准备期水土流失防治措施布设图

A—A 断面图

图 例

彩条旗限界

编织袋装土拦挡

措施作用：

（1）彩条旗限界主要是限制扰动范围，防止施工人员随意扩大扰动范围。

（2）临时拦挡和覆盖主要是为防止土方临时堆存过程中产生水土流失。

措施布设原则：

（1）限界范围由施工所需场地确定，可根据现场实际地形调整，但不宜超过临时占地及永久占地面积之和，限界常采用彩条旗。

（2）土方材料等临时堆放应进行临时防护。

措施主要型式：

临时防护时顶部及四周可采用彩条布、土工布或密目网苫盖，周围可采用编织袋装土拦挡。

图中基础外形为示意图，具体以基础施工图纸为准。

图 3－2－13 盐虾池塔基区施工准备期水土流失防治措施布设图

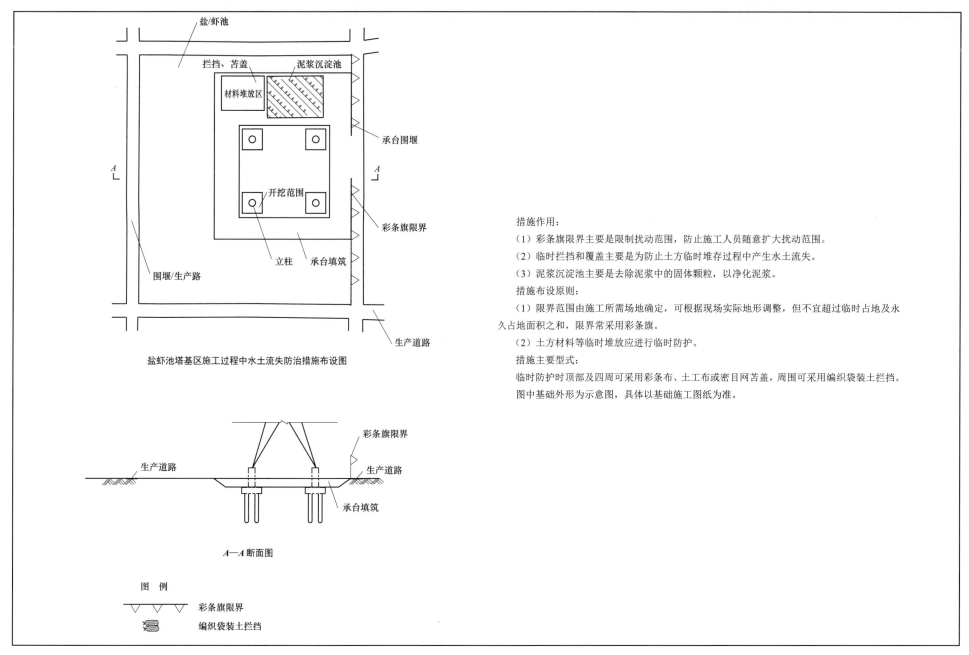

盐虾池塔基区施工过程中水土流失防治措施布设图

措施作用：

（1）彩条旗限界主要是限制扰动范围，防止施工人员随意扩大扰动范围。

（2）临时拦挡和覆盖主要是为防止土方临时堆存过程中产生水土流失。

（3）泥浆沉淀池主要是去除泥浆中的固体颗粒，以净化泥浆。

措施布设原则：

（1）限界范围由施工所需场地确定，可根据现场实际地形调整，但不宜超过临时占地及永久占地面积之和，限界常采用彩条旗。

（2）土方材料等临时堆放应进行临时防护。

措施主要型式：

临时防护时顶部及四周可采用彩条布、土工布或密目网苫盖，周围可采用编织袋装土拦挡。

图中基础外形为示意图，具体以基础施工图纸为准。

图3-2-14 盐虾池塔基区施工过程中水土流失防治措施布设图

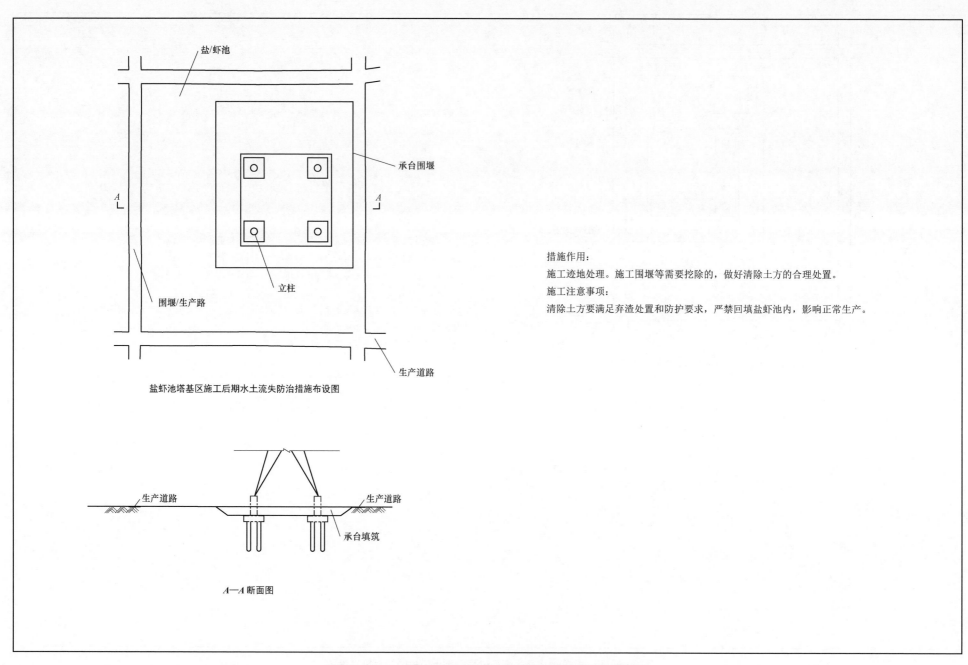

盐/虾池

承台围堰

立柱

围堰/生产路

生产道路

盐虾池塔基区施工后期水土流失防治措施布设图

措施作用：

施工迹地处理。施工围堰等需要挖除的，做好清除土方的合理处置。

施工注意事项：

清除土方要满足弃渣处置和防护要求，严禁回填盐虾池内，影响正常生产。

生产道路

生产道路

承台填筑

A—A 断面图

图 3－2－15　盐虾池塔基区施工后期水土流失防治措施布设图

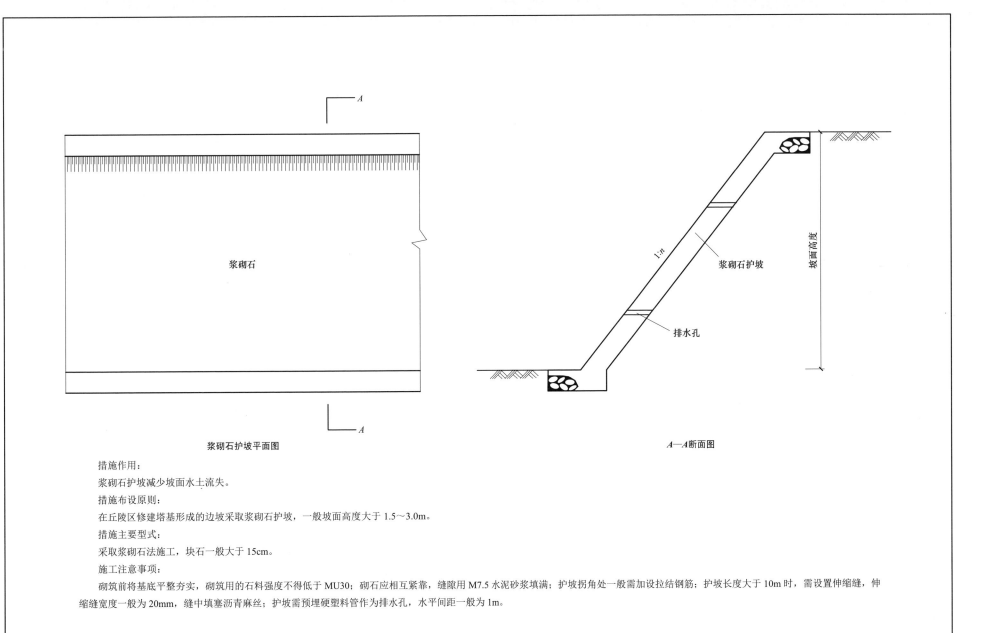

浆砌石护坡平面图

*A—A*断面图

措施作用：

浆砌石护坡减少坡面水土流失。

措施布设原则：

在丘陵区修建塔基形成的边坡采取浆砌石护坡，一般坡面高度大于1.5～3.0m。

措施主要型式：

采取浆砌石法施工，块石一般大于15cm。

施工注意事项：

砌筑前将基底平整夯实，砌筑用的石料强度不得低于 MU30；砌石应相互紧靠，缝隙用 M7.5 水泥砂浆填满；护坡拐角处一般需加设拉结钢筋；护坡长度大于10m 时，需设置伸缩缝，伸缩缝宽度一般为20mm，缝中填塞沥青麻丝；护坡需预埋硬塑料管作为排水孔，水平间距一般为1m。

图 3－2－16　浆砌石拦挡护坡设计图

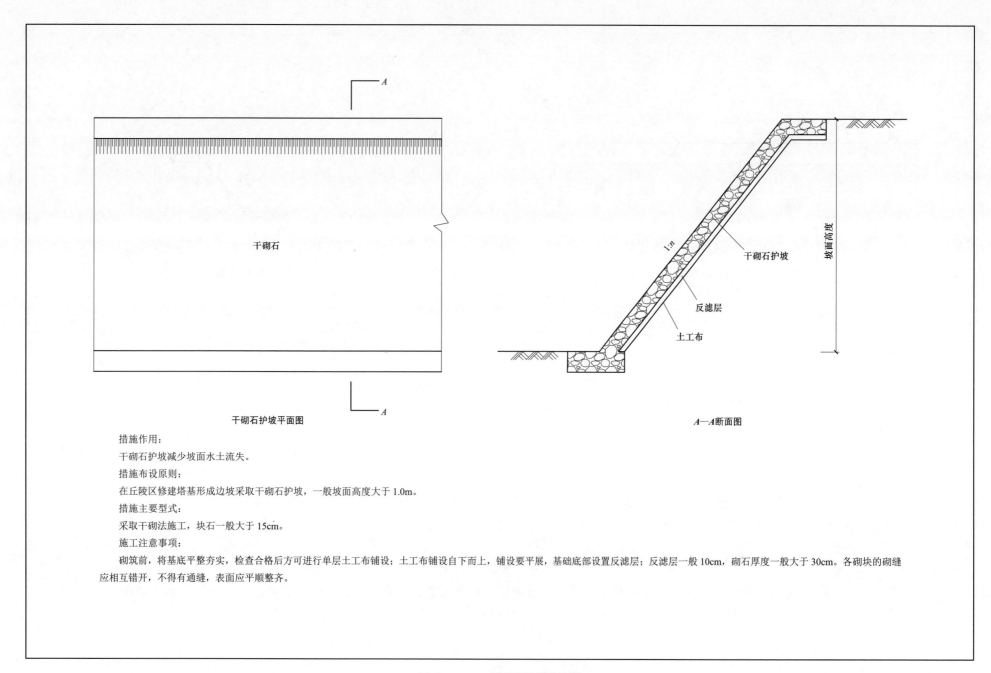

干砌石护坡平面图

A—A断面图

措施作用：

干砌石护坡减少坡面水土流失。

措施布设原则：

在丘陵区修建塔基形成边坡采取干砌石护坡，一般坡面高度大于1.0m。

措施主要型式：

采取干砌法施工，块石一般大于15cm。

施工注意事项：

砌筑前，将基底平整夯实，检查合格后方可进行单层土工布铺设；土工布铺设自下而上，铺设要平展，基础底部设置反滤层；反滤层一般10cm，砌石厚度一般大于30cm。各砌块的砌缝应相互错开，不得有通缝，表面应平顺整齐。

图 3-2-17　干砌石护坡设计图

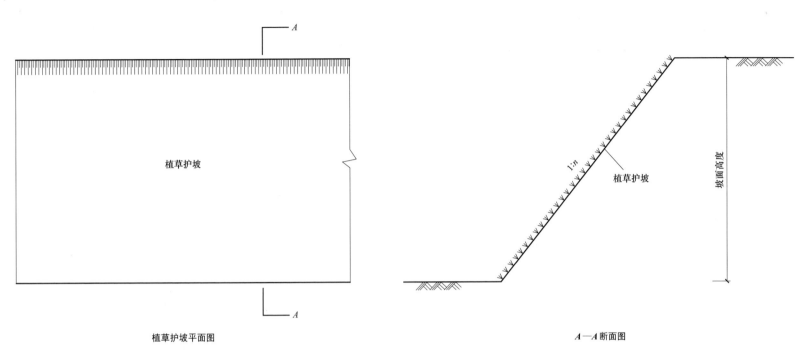

植草护坡平面图

A—A 断面图

措施作用：

植草护坡减少坡面水土流失。

措施布设原则：

在丘陵区修建塔基形成的边坡采取植草护坡，一般坡面高度小于 2.0m，坡度小于 25°。

措施主要型式：

采取撒播植草方式进行边坡绿化。

施工注意事项：

坡面应进行平整，清理垃圾等杂物，进行修整以达到设计边坡；对坡面土层进行松土，无种植土的需要并铺填耕植土，草种选择生产快、耐旱、耐高温、耐水淹、耐贫瘠、耐酸性、耐碱性等较好的乡土草种。

图 3－2－18　植草护坡设计图

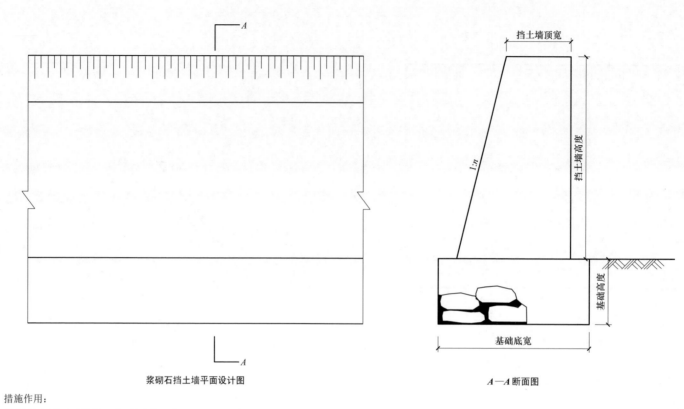

浆砌石挡土墙平面设计图

$A—A$断面图

挡土墙顶宽

挡土墙高度

基础高度

基础底宽

措施作用：

挡土墙用于支承路基填土或山坡土体、防止填土或土体变形失稳等，减少水土流失。

措施布设原则：

在丘陵区修建塔基形成的边坡设置挡土墙，用于支承山坡上可能坍塌的覆盖层土体或破碎岩层。

措施主要型式：

挡土墙一般采取浆砌石。

施工注意事项：

浆砌石采用铺浆法砌筑，灰缝应饱满，并插捣密实，灰缝一般为20～30mm，铺浆厚度约40～60mm，较大空隙用碎石块嵌于砂浆中，不允许先填碎石再塞砂浆；上下石块相互错缝，内外搭接，浆砌块石不得形成水平或纵向通缝；挡土墙背30cm范围内填级配砂卵石滤水层；挡土墙沿长度方向每10m或高度变化处设置伸缩缝，挡土墙每2.5m上下交叉设置排水孔，排水孔向外排水坡度$i=5\%$排水坡，入口处300mm范围内填碎石滤层。

图3-2-19 浆砌石挡土墙设计图

3.2.2 施工道路水土保持措施布设

施工道路水土流失防治措施平面布设图如图 3-2-20～图 3-2-23 所示。

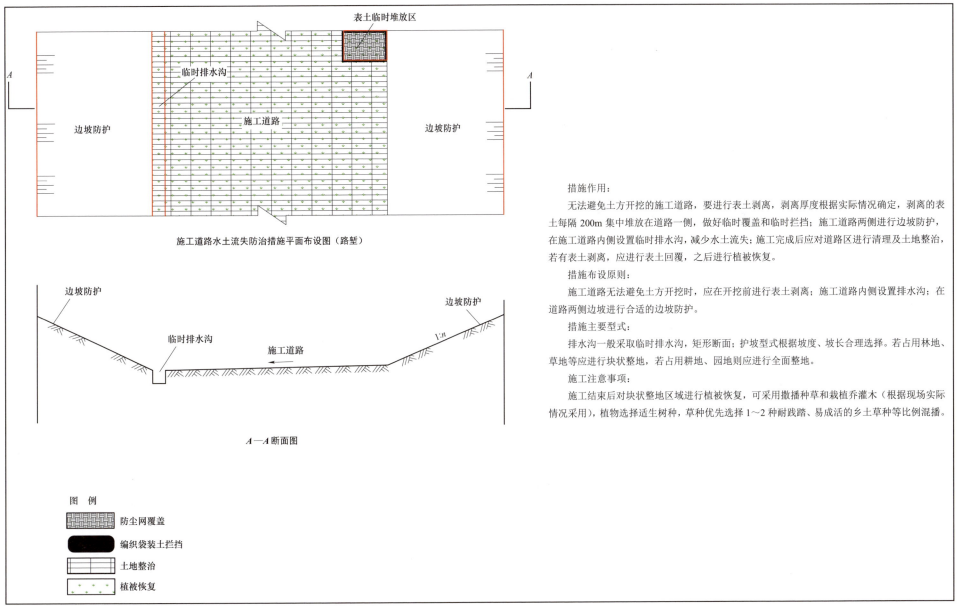

施工道路水土流失防治措施平面布设图（路堑）

A—A 断面图

图例

- 防尘网覆盖
- 编织袋装土拦挡
- 土地整治
- 植被恢复

措施作用：

无法避免土方开挖的施工道路，要进行表土剥离，剥离厚度根据实际情况确定，剥离的表土每隔 200m 集中堆放在道路一侧，做好临时覆盖和临时拦挡；施工道路两侧进行边坡防护，在施工道路内侧设置临时排水沟，减少水土流失；施工完成后应对道路区进行清理及土地整治，若有表土剥离，应进行表土回覆，之后进行植被恢复。

措施布设原则：

施工道路无法避免土方开挖时，应在开挖前进行表土剥离；施工道路内侧设置排水沟；在道路两侧边坡进行合适的边坡防护。

措施主要型式：

排水沟一般采取临时排水沟，矩形断面；护坡型式根据坡度、坡长合理选择。若占用林地、草地等应进行块状整地，若占用耕地、园地则应进行全面整地。

施工注意事项：

施工结束后对块状整地区域进行植被恢复，可采用撒播种草和栽植乔灌木（根据现场实际情况采用），植物选择适生树种，草种优先选择 1～2 种耐践踏、易成活的乡土草种等比例混播。

图 3-2-20 路堑路段水土流失防治措施平面布设图

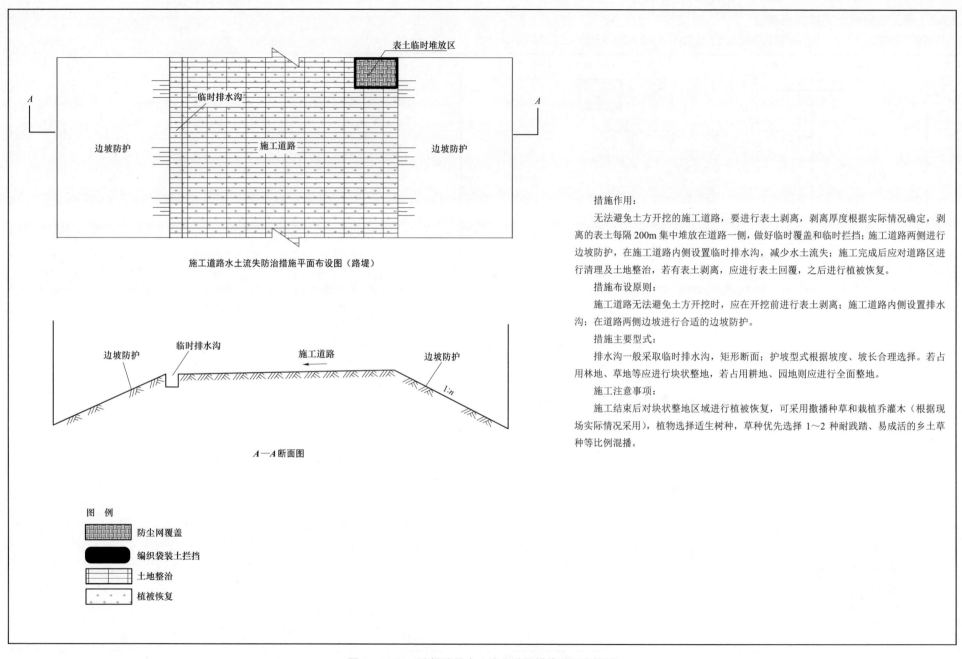

施工道路水土流失防治措施平面布设图（路堤）

表土临时堆放区

临时排水沟

边坡防护　　施工道路　　边坡防护

边坡防护　　临时排水沟　　施工道路　　边坡防护

1:n

A—A 断面图

图　例

防尘网覆盖

编织袋装土拦挡

土地整治

植被恢复

措施作用：

无法避免土方开挖的施工道路，要进行表土剥离，剥离厚度根据实际情况确定，剥离的表土每隔 200m 集中堆放在道路一侧，做好临时覆盖和临时拦挡；施工道路两侧进行边坡防护，在施工道路内侧设置临时排水沟，减少水土流失；施工完成后应对道路区进行清理及土地整治，若有表土剥离，应进行表土回覆，之后进行植被恢复。

措施布设原则：

施工道路无法避免土方开挖时，应在开挖前进行表土剥离；施工道路内侧设置排水沟；在道路两侧边坡进行合适的边坡防护。

措施主要型式：

排水沟一般采取临时排水沟，矩形断面；护坡型式根据坡度、坡长合理选择。若占用林地、草地等应进行块状整地，若占用耕地、园地则应进行全面整地。

施工注意事项：

施工结束后对块状整地区域进行植被恢复，可采用撒播种草和栽植乔灌木（根据现场实际情况采用），植物选择适生树种，草种优先选择 1～2 种耐践踏、易成活的乡土草种等比例混播。

图 3-2-21　路堤路段水土流失防治措施平面布设图

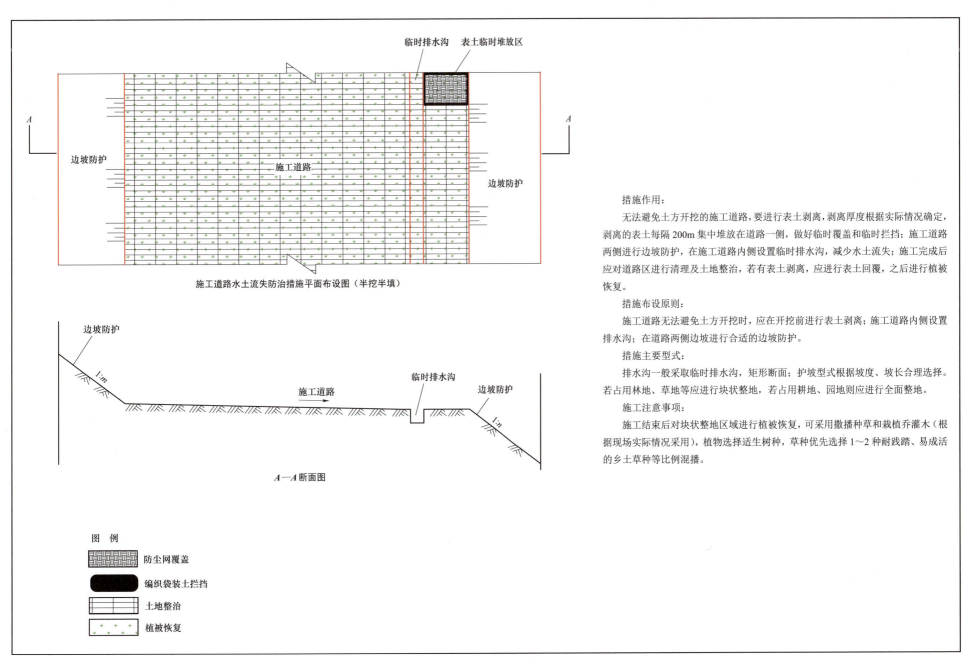

措施作用：

无法避免土方开挖的施工道路，要进行表土剥离，剥离厚度根据实际情况确定，剥离的表土每隔200m集中堆放在道路一侧，做好临时覆盖和临时拦挡；施工道路两侧进行边坡防护，在施工道路内侧设置临时排水沟，减少水土流失；施工完成后应对道路区进行清理及土地整治，若有表土剥离，应进行表土回覆，之后进行植被恢复。

措施布设原则：

施工道路无法避免土方开挖时，应在开挖前进行表土剥离；施工道路内侧设置排水沟；在道路两侧边坡进行合适的边坡防护。

措施主要型式：

排水沟一般采取临时排水沟，矩形断面；护坡型式根据坡度、坡长合理选择。若占用林地、草地等应进行块状整地，若占用耕地、园地则应进行全面整地。

施工注意事项：

施工结束后对块状整地区域进行植被恢复，可采用撒播种草和栽植乔灌木（根据现场实际情况采用），植物选择适生树种，草种优先选择1～2种耐践踏、易成活的乡土草种等比例混播。

图 3－2－22　半挖半填路段水土流失防治措施平面布设图

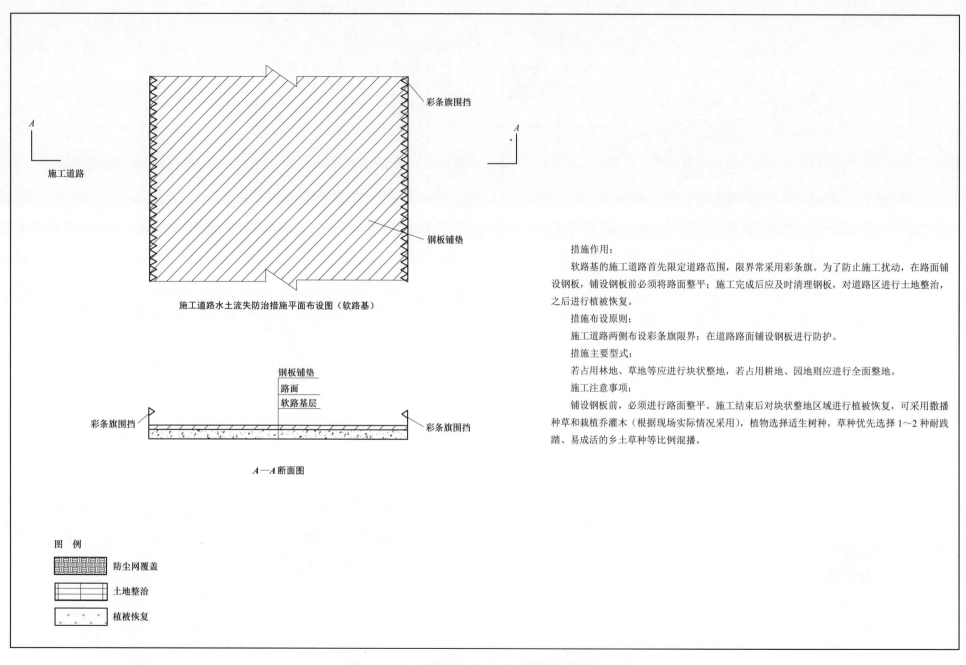

彩条旗围挡

钢板铺垫

施工道路

施工道路水土流失防治措施平面布设图（软路基）

钢板铺垫
路面
软路基层

彩条旗围挡　　　　　　　　　　　　　　　　彩条旗围挡

A—A断面图

图　例

防尘网覆盖

土地整治

植被恢复

措施作用：

软路基的施工道路首先限定道路范围，限界常采用彩条旗。为了防止施工扰动，在路面铺设钢板，铺设钢板前必须将路面整平；施工完成后应及时清理钢板，对道路区进行土地整治，之后进行植被恢复。

措施布设原则：

施工道路两侧布设彩条旗限界；在道路路面铺设钢板进行防护。

措施主要型式：

若占用林地、草地等应进行块状整地，若占用耕地、园地则应进行全面整地。

施工注意事项：

铺设钢板前，必须进行路面整平。施工结束后对块状整地区域进行植被恢复，可采用撒播种草和栽植乔灌木（根据现场实际情况采用），植物选择适生树种，草种优先选择1～2种耐践踏、易成活的乡土草种等比例混播。

图 3-2-23　软基路段水土流失防治措施平面布设图

3.2.3 牵张场区水土保持措施布设

牵张场区水土流失防治措施平面布设图如图 3-2-24 所示。

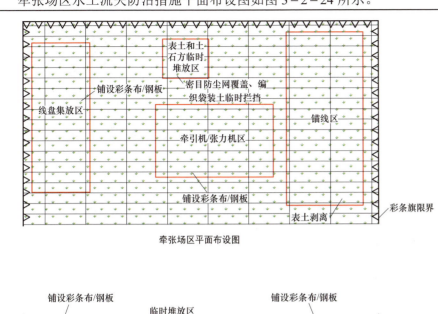

牵张场区平面布设图

A—A 断面图

图　例

　土地整治

　　植被恢复

措施作用：

（1）为防止施工人员及车辆跨越牵张场租地范围作业，造成大面积的地表扰动，在施工前对牵张场三侧布设彩条旗进行限界。

（2）为防止施工机具对表土的破坏，应对线盘堆放区和施工器具区铺设彩条布或者彩钢板进行隔离保护。

（3）施工前对锚线区进行表土剥离，剥离的表土在牵张场内单独堆放，用密目防尘网对表土进行临时覆盖，周围用编织袋装土进行临时拦挡。

（4）施工完成后对前期进行表土剥离的区域进行表土回填，牵张场区后期需要对复耕和植被恢复区域进行土地整治，改善施工迹地的理化性质，以满足后期植被生长环境要求。

（5）对土地整治区域进行植被恢复，可采用撒播草籽、栽植灌木（根据现场实际情况）等进行植被恢复。

措施布设原则：

对牵张场三侧布设彩条旗进行限界。对线盘堆放区和施工器具区铺设彩条布或者彩钢板进行隔离保护。施工前对锚线区进行表土剥离，施工结束后回填表土。牵张场区后期需要复耕和植被恢复区域进行土地整治。

措施主要类型：

彩条旗限界、剥离表土、彩条布或者彩钢板隔离保护表土、表土回填、土地整治、植被恢复。

施工注意事项：

（1）首先根据现场调查，确定可剥离表土范围，一般占地类型为耕地、林地、园地、草地等需要进行剥离表土，剥离表土厚度丘陵区一般 20～30cm，根据实际情况如剥离厚度不足 20cm 的，按表土厚度进行剥离，做到应剥尽剥。

（2）剥离表土需要单独集中堆放，采取防尘网临时覆盖，周边采取编织袋临时拦挡进行临时防护。

（3）施工结束后对块状整地区域进行植被恢复，可采用撒播种草和栽植乔灌木（根据现场实际情况采用），植物选择适生树种，草种优先选择 1～2 种耐践踏、易成活的乡土草种等比例混播。

图 3-2-24　牵张场区水土流失防治措施平面布设图

3.2.4 跨越工程区水土保持措施布设

跨越工程区水土流失防治措施布设图如图 3−2−25 所示。

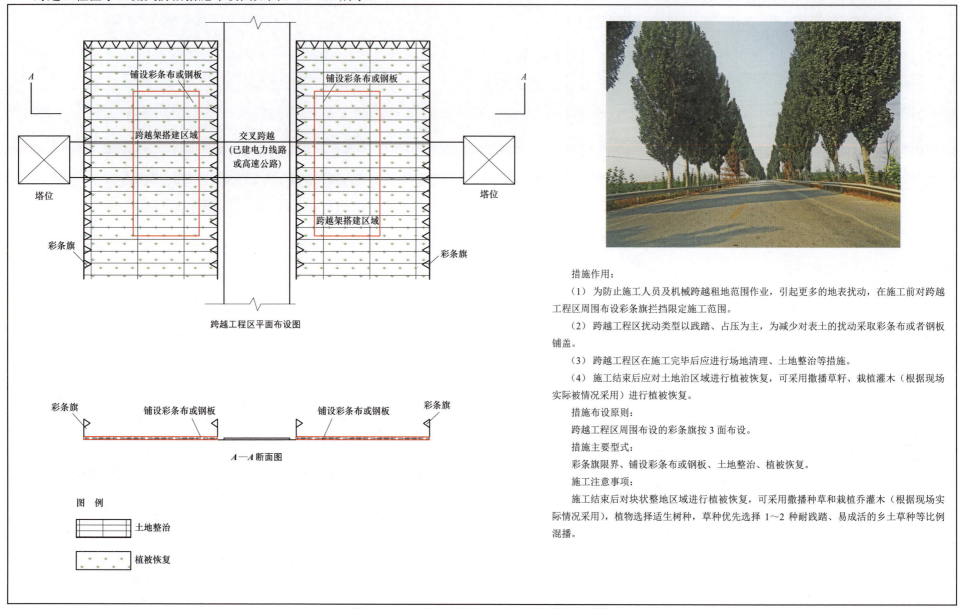

措施作用：

（1）为防止施工人员及机械跨越租地范围作业，引起更多的地表扰动，在施工前对跨越工程区周围布设彩条旗拦挡限定施工范围。

（2）跨越工程区扰动类型以践踏、占压为主，为减少对表土的扰动采取彩条布或者钢板铺盖。

（3）跨越工程区在施工完毕后应进行场地清理、土地整治等措施。

（4）施工结束后应对土地治区域进行植被恢复，可采用撒播草籽、栽植灌木（根据现场实际被情况采用）进行植被恢复。

措施布设原则：

跨越工程区周围布设的彩条旗按 3 面布设。

措施主要型式：

彩条旗限界、铺设彩条布或钢板、土地整治、植被恢复。

施工注意事项：

施工结束后对块状整地区域进行植被恢复，可采用撒播种草和栽植乔灌木（根据现场实际情况采用），植物选择适生树种，草种优先选择 1～2 种耐践踏、易成活的乡土草种等比例混播。

图 3−2−25　跨越工程区水土流失防治措施布设图

3.2.5 电缆线路区水土保持措施布设

电缆工程区水土流失防治措施平面布设图如图3－2－26～图3－2－28所示。

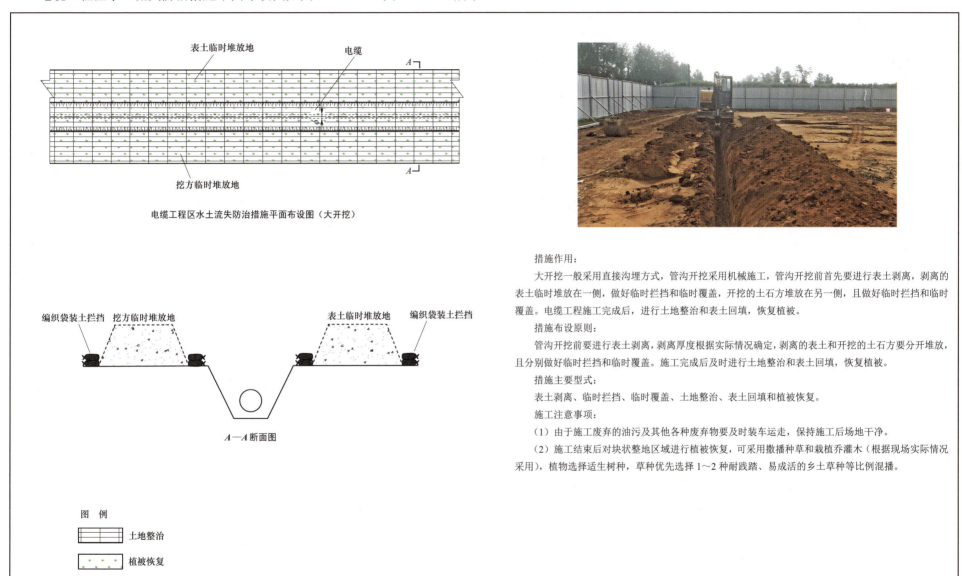

措施作用：

大开挖一般采用直接沟埋方式，管沟开挖采用机械施工，管沟开挖前首先要进行表土剥离，剥离的表土临时堆放在一侧，做好临时拦挡和临时覆盖，开挖的土石方堆放在另一侧，且做好临时拦挡和临时覆盖。电缆工程施工完成后，进行土地整治和表土回填，恢复植被。

措施布设原则：

管沟开挖前要进行表土剥离，剥离厚度根据实际情况确定，剥离的表土和开挖的土石方要分开堆放，且分别做好临时拦挡和临时覆盖。施工完成后及时进行土地整治和表土回填，恢复植被。

措施主要型式：

表土剥离、临时拦挡、临时覆盖、土地整治、表土回填和植被恢复。

施工注意事项：

（1）由于施工废弃的油污及其他各种废弃物要及时装车运走，保持施工后场地干净。

（2）施工结束后对块状整地区域进行植被恢复，可采用撒播种草和栽植乔灌木（根据现场实际情况采用），植物选择适生树种，草种优先选择1～2种耐践踏、易成活的乡土草种等比例混播。

图3－2－26 大开挖电缆工程区水土流失防治措施平面布设图

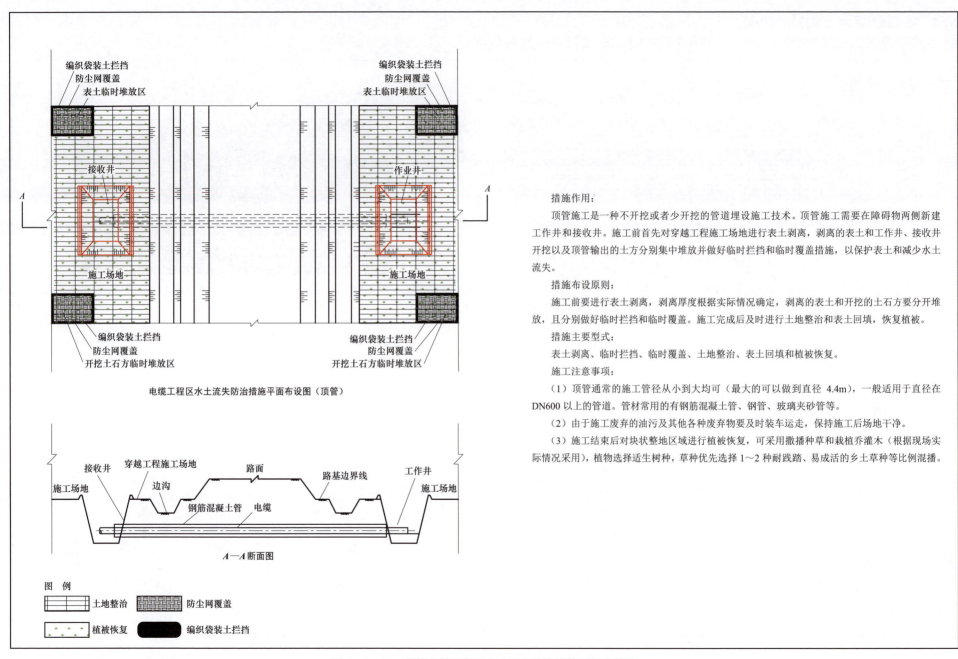

措施作用：

顶管施工是一种不开挖或者少开挖的管道埋设施工技术。顶管施工需要在障碍物两侧新建工作井和接收井。施工前首先对穿越工程施工场地进行表土剥离，剥离的表土和工作井、接收井开挖以及顶管输出的土方分别集中堆放并做好临时拦挡和临时覆盖措施，以保护表土和减少水土流失。

措施布设原则：

施工前要进行表土剥离，剥离厚度根据实际情况确定，剥离的表土和开挖的土石方要分开堆放，且分别做好临时拦挡和临时覆盖。施工完成后及时进行土地整治和表土回填，恢复植被。

措施主要型式：

表土剥离、临时拦挡、临时覆盖、土地整治、表土回填和植被恢复。

施工注意事项：

（1）顶管通常的施工管径从小到大均可（最大的可以做到直径 4.4m），一般适用于直径在 DN600 以上的管道。管材常用的有钢筋混凝土管、钢管、玻璃夹砂管等。

（2）由于施工废弃的油污及其他各种废弃物要及时装车运走，保持施工后场地干净。

（3）施工结束后对块状整地区域进行植被恢复，可采用撒播种草和栽植乔灌木（根据现场实际情况采用），植物选择适生树种，草种优先选择1～2种耐践踏、易成活的乡土草种等比例混播。

电缆工程区水土流失防治措施平面布设图（顶管）

图 3-2-27 顶管电缆工程区水土流失防治措施平面布设图

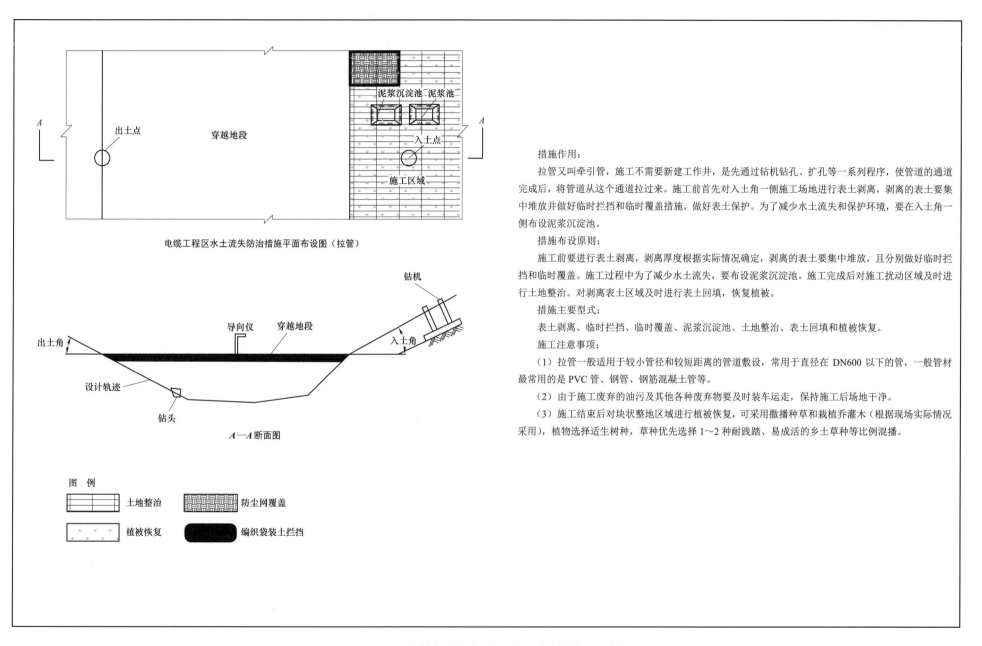

电缆工程区水土流失防治措施平面布设图（拉管）

A—A断面图

图 例

土地整治　　防尘网覆盖

植被恢复　　编织袋装土拦挡

措施作用：

拉管又叫牵引管，施工不需要新建工作井，是先通过钻机钻孔、扩孔等一系列程序，使管道的通道完成后，将管道从这个通道拉过来。施工前首先对入土角一侧施工场地进行表土剥离，剥离的表土要集中堆放并做好临时拦挡和临时覆盖措施，做好表土保护。为了减少水土流失和保护环境，要在入土角一侧布设泥浆沉淀池。

措施布设原则：

施工前要进行表土剥离，剥离厚度根据实际情况确定，剥离的表土要集中堆放，且分别做好临时拦挡和临时覆盖。施工过程中为了减少水土流失，要布设泥浆沉淀池。施工完成后对施工扰动区域及时进行土地整治。对剥离表土区域及时进行表土回填，恢复植被。

措施主要型式：

表土剥离、临时拦挡、临时覆盖、泥浆沉淀池、土地整治、表土回填和植被恢复。

施工注意事项：

（1）拉管一般适用于较小管径和较短距离的管道敷设，常用于直径在 DN600 以下的管，一般管材最常用的是 PVC 管、钢管、钢筋混凝土管等。

（2）由于施工废弃的油污及其他各种废弃物要及时装车运走，保持施工后场地干净。

（3）施工结束后对块状整地区域进行植被恢复，可采用撒播种草和栽植乔灌木（根据现场实际情况采用），植物选择适生树种，草种优先选择 1～2 种耐践踏、易成活的乡土草种等比例混播。

图 3–2–28　拉管电缆线路区水土流失防治措施平面布设图

3.2.6 输电线路植物措施

具体如图3-2-29~图3-2-34所示。

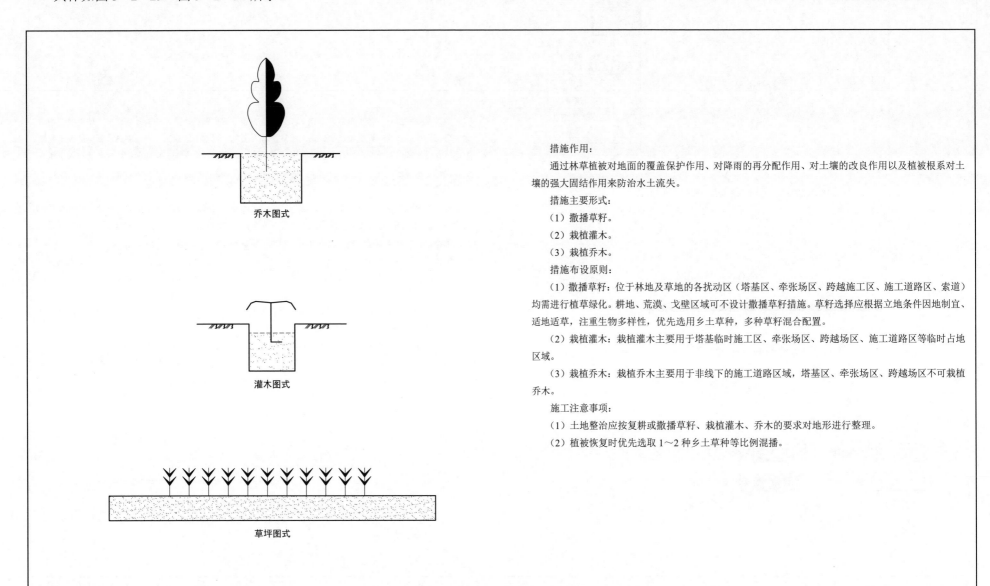

乔木图式

灌木图式

草坪图式

措施作用：

通过林草植被对地面的覆盖保护作用、对降雨的再分配作用、对土壤的改良作用以及植被根系对土壤的强大固结作用来防治水土流失。

措施主要形式：

（1）撒播草籽。

（2）栽植灌木。

（3）栽植乔木。

措施布设原则：

（1）撒播草籽：位于林地及草地的各扰动区（塔基区、牵张场区、跨越施工区、施工道路区、索道）均需进行植草绿化。耕地、荒漠、戈壁区域可不设计撒播草籽措施。草籽选择应根据立地条件因地制宜、适地适草，注重生物多样性，优先选用乡土草种，多种草籽混合配置。

（2）栽植灌木：栽植灌木主要用于塔基临时施工区、牵张场区、跨越场区、施工道路区等临时占地区域。

（3）栽植乔木：栽植乔木主要用于非线下的施工道路区域，塔基区、牵张场区、跨越场区不可栽植乔木。

施工注意事项：

（1）土地整治应按复耕或撒播草籽、栽植灌木、乔木的要求对地形进行整理。

（2）植被恢复时优先选取1~2种乡土草种等比例混播。

图3-2-29 植物措施栽植图式

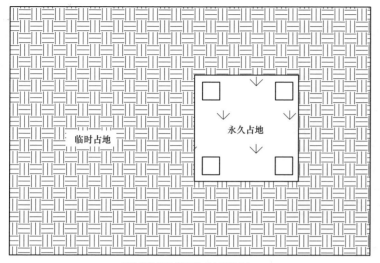

植物措施设计平面图（占用耕地）

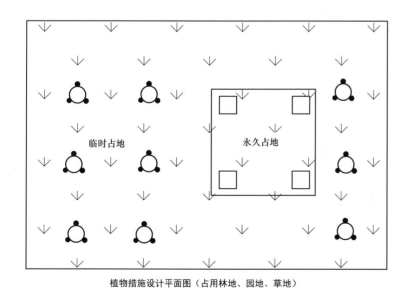

植物措施设计平面图（占用林地、园地、草地）

图 例

草皮

耕地

灌木

措施作用：

通过林草植被对地面的覆盖保护作用、对降雨的再分配作用、对土壤的改良作用以及植被根系对土壤的强大固结作用来防治水土流失。

措施布设原则：

（1）当塔基位于耕地时，对永久占地区域撒播草籽，临时占地区进行耕地恢复。

（2）当塔基位于林地、草地、园地时，对永久占地和临时占地区域撒播草籽；当塔基位于林地时，塔基区临时占地范围内除撒播草籽外还需栽植灌木。

措施主要形式：

（1）耕地恢复。

（2）撒播草籽。

（3）栽植灌木。

施工注意事项：

（1）土地整治应按复耕或撒播草籽、栽植灌木的要求对地形进行整理。

（2）植被恢复时优先选取1～2种乡土草种等比例混播。

图 3-2-30　塔基区植物措施布设图

狗牙根

黑麦草

早熟禾

紫羊茅

植物特性：

（1）狗牙根：性喜光稍耐阴、耐旱，喜温暖湿润，具有一定的耐寒能力。适宜的土壤酸碱性范围很广（pH值为5.5～7.5），以湿润且排水条件良好的中等到较黏性的土壤上生长最好，在轻沙盐碱地中生长也较好。

（2）早熟禾：喜温暖干燥的环境，耐旱、耐阴、耐寒性较强；适合沙土、黄土、壤土和淤泥质土种植，喜微酸性至中性土壤。

（3）黑麦草：喜温凉湿润气候。宜于夏季凉爽、冬季不太寒冷地区生长。选择轻土、黄土或棕壤等，土质以疏松、肥沃、排水良好的为佳，较能耐湿，不耐旱，喜肥不耐瘠，略能耐酸，适宜的土壤pH值为6～7。

（4）紫羊茅：喜肥又耐瘠薄，在砂砾地、岗坡地等生长也较好，喜微酸性至中性土壤，以pH值6.0～7.5最为适宜。

图 3-2-31 塔基区植物措施（一）

高羊茅

白茅

中华结缕草

碱蓬

植物特性：

（1）高羊茅：喜寒冷潮湿、温暖的气候，在肥沃、潮湿、富含有机质、pH值为4.7～8.5的细壤土中生长良好。喜光，耐半阴，对肥料反应敏感，抗逆性强、耐酸、耐贫瘠，抗病性强。

（2）中华结缕草：适宜在各种土壤上种植。具有耐湿、耐旱、耐盐碱的特性。

（3）白茅：喜光，稍耐阴，喜肥又极耐瘠，喜疏松湿润土壤，相当耐水淹，也耐干旱，适应各种土壤，黏土、沙土、壤土均可生长。以疏松沙质土地生长最多。

（4）碱蓬：抗逆性强，耐盐，耐湿，耐瘠薄，适合盐碱地生长。

图 3-2-31　塔基区植物措施（二）

紫穗槐

荆条

紫叶小檗

柽柳

植物特性：

（1）紫穗槐：喜干冷气候，耐寒、耐旱、耐湿、耐盐碱，抗风沙、抗逆性极强，对土壤要求不严，以壤土最好。

（2）紫叶小檗：喜冷凉、湿润及阳光充足的环境，对各种土壤都能适应，耐寒、耐瘠、不耐热、不耐湿涝。

（3）荆条：阳性树种，喜光耐蔽荫，对土壤要求不严；在黄绵土，褐土，红黏土，石质土，石灰岩山地的钙质土以及山地棕壤上都能生长。

（4）柽柳：喜光，耐旱、耐寒，较耐水湿，极耐盐碱、沙荒地；适应性强，对气候土壤要求不严，在黏壤土、沙质壤土及河边冲积土中均可生长。

图 3-2-31　塔基区植物措施（三）

狗牙根   黑麦草

早熟禾   紫羊茅

植物特性：

（1）狗牙根：性喜光稍耐阴、耐旱，喜温暖湿润，具有一定的耐寒能力。适宜的土壤酸碱性范围很广（pH 值为 5.5～7.5），其中，以湿润且排水条件良好的中等到较黏性的土壤上生长最好，在轻沙盐碱地中生长也较好。

（2）早熟禾：喜温暖干燥的环境，耐旱、耐阴、耐寒性较强；适合沙土、黄土、壤土和淤泥质土种植，喜微酸性至中性土壤。

（3）黑麦草：喜温凉湿润气候。宜于夏季凉爽、冬季不太寒冷地区生长。选择轻土、黄土或棕壤等，土质以疏松、肥沃、排水良好的为佳，较能耐湿，不耐旱，喜肥不耐瘠，略能耐酸，适宜的土壤 pH 值为 6～7。

（4）紫羊茅：喜肥又耐瘠薄，在砂砾地、岗坡地等生长也较好，喜微酸性至中性土壤，以 pH 值 6.0～7.5 最为适宜。

图 3-2-32　施工道路植物措施（一）

木槿

紫叶李

胡枝子

柽柳

植物特性：

（1）木槿：喜光，稍耐阴；喜温暖、湿润气候，耐热又耐寒；对土壤要求不严格，适宜生长在疏松透气且富含多种营养物质的土壤中；较耐干燥和贫瘠，好水湿而又耐旱。

（2）胡枝子：耐旱，耐瘠薄、也耐水湿、耐寒性很强。再生能力强。对土壤要求不严，在棕壤、褐土均能种植。

（3）紫叶李：喜阳光，有一定的抗旱能力。对土壤适应性强，较耐水湿，但在肥沃、深厚、排水良好的黏质中性、酸性土壤中生长良好，不耐碱。以沙砾土为好，黏质土也能生长，根系较浅，萌生力较强。

（4）柽柳：喜光，耐旱、耐寒，较耐水湿，极耐盐碱、沙荒地；适应性强，对气候土壤要求不严，在黏壤土、沙质壤土及河边冲积土中均可生长。

图 3-2-32　施工道路植物措施（二）

毛白杨

桧柏

国槐

侧柏

植物特性：

（1）毛白杨：强阳性树种。喜凉爽湿润气候，对土壤要求不严，喜深厚肥沃、透水性好的土壤和沙壤土，不耐积水和严寒，稍耐碱。大树耐湿、耐烟尘、抗污染。深根性，萌芽力强，生长较快，寿命长。

（2）国槐：喜光而稍耐阴，能适应较冷气候，根深而发达；对土壤要求不严，在酸性至石灰性及轻度盐碱土条件下都能正常生长；抗风，也耐干旱、瘠薄。

（3）桧柏：喜光树种，较耐荫，喜温凉、温暖气候；忌积水，耐寒、耐热，对土壤要求不严，能生长于酸性、中性及石灰质土壤上。

（4）侧柏：喜光树种，主要分布在低山阳坡和半阳坡，抗风力弱，在迎风地生长不良，能耐干旱贫瘠的环境，可生长于一般树种难以生存的陡坡石缝中。

图 3-2-32　施工道路植物措施（三）

荆条

紫穗槐

锦鸡儿

刺槐

植物特性：

（1）荆条：阳性树种，喜光耐蔽荫，对土壤要求不严；在黄绵土，褐土，红黏土，石质土，石灰岩山地的钙质土以及山地棕壤土上都能生长。

（2）锦鸡儿：喜光；抗旱，耐瘠，忌湿涝；在深厚、肥沃、湿润的沙质壤土中生长良好。

（3）紫穗槐：喜干冷气候，耐寒、耐旱、耐湿、耐盐碱，抗风沙、抗逆性极强，对土壤要求不严，以壤土最好。

（4）刺槐：浅根性树种，喜光，不耐阴，耐干旱瘠薄，不耐水湿。对土壤适应性强，在沙壤土、沙土、黏壤土及中性土、酸性土及微盐碱土上均能正常生长。

图 3-2-32　施工道路植物措施（四）

狗牙根

黑麦草

早熟禾

紫羊茅

植物特性：

（1）狗牙根：性喜光稍耐阴、耐旱，喜温暖湿润，具有一定的耐寒能力。适宜的土壤酸碱性范围很广（pH值为5.5～7.5），其中，以湿润且排水条件良好的中等到较黏性的土壤上生长最好，在轻沙盐碱地中生长也较好。

（2）早熟禾：喜温暖干燥的环境，耐旱、耐阴、耐寒性较强；适合沙土、黄土、壤土和淤泥质土种植，喜微酸性至中性土壤。

（3）黑麦草：喜温凉湿润气候。宜于夏季凉爽、冬季不太寒冷地区生长。选择轻土、黄土或棕壤等，土质以疏松、肥沃、排水良好的为佳，较能耐湿，不耐旱，喜肥不耐瘠，略能耐酸，适宜的土壤pH值为6～7。

（4）紫羊茅：喜肥又耐瘠薄，在砂砾地、岗坡地等生长也较好，喜微酸性至中性土壤，以pH值6.0～7.5最为适宜。

图 3-2-33　跨越场、牵张场区植物措施（一）

紫穗槐

荆条

连翘

柽柳

植物特性：

（1）紫穗槐：喜干冷气候，耐寒、耐旱、耐湿、耐盐碱，抗风沙、抗逆性极强，对土壤要求不严，以壤土最好。

（2）连翘：耐寒，耐旱，怕水渍，萌发力强，对土壤要求不严，可在棕壤土、褐土、潮土中生长，其中以棕壤土、褐土为最佳；生命力和适应性都非常强，酸性、碱性土均可生长但不耐盐碱，适生范围广。

（3）荆条：阳性树种，喜光耐蔽荫，对土壤要求不严，在黄绵土，褐土，红黏土，石质土，石灰岩山地的钙质土以及山地棕壤上都能生长。

（4）柽柳：喜光，耐旱、耐寒，较耐水湿，极耐盐碱、沙荒地；适应性强，对气候土壤要求不严，在黏壤土、沙质壤土及河边冲积土中均可生长。

图 3-2-33 跨越场、牵张场区植物措施（二）

铺地柏

榆叶梅

锦鸡儿

胡枝子

植物特性：

（1）铺地柏：喜光，在干燥沙地上生长良好，喜石灰质肥沃土壤，忌低湿地。

（2）锦鸡儿：喜光；抗旱，耐瘠，忌湿涝；在深厚、肥沃、湿润的沙质壤土中生长良好。

（3）榆叶梅：喜温暖湿润，稍耐寒；在排水良好的沙质壤土中生长最好。

（4）胡枝子：耐旱，耐瘠薄、耐水湿，耐寒性很强；再生能力强；对土壤要求不严，在棕壤、褐土均能种植。

图 3-2-33　跨越场、牵张场区植物措施（三）

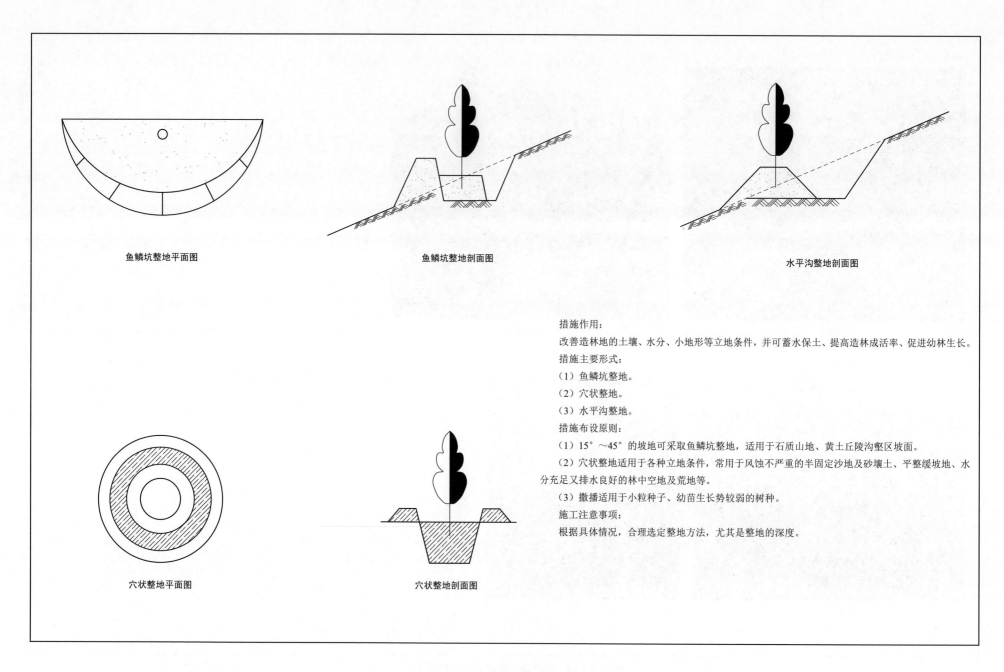

鱼鳞坑整地平面图　　　　　鱼鳞坑整地剖面图　　　　　水平沟整地剖面图

穴状整地平面图　　　　　穴状整地剖面图

措施作用：

改善造林地的土壤、水分、小地形等立地条件，并可蓄水保土、提高造林成活率、促进幼林生长。

措施主要形式：

（1）鱼鳞坑整地。

（2）穴状整地。

（3）水平沟整地。

措施布设原则：

（1）15°～45°的坡地可采取鱼鳞坑整地，适用于石质山地、黄土丘陵沟壑区坡面。

（2）穴状整地适用于各种立地条件，常用于风蚀不严重的半固定沙地及砂壤土、平整缓坡地、水分充足又排水良好的林中空地及荒地等。

（3）撒播适用于小粒种子、幼苗生长势较弱的树种。

施工注意事项：

根据具体情况，合理选定整地方法，尤其是整地的深度。

图 3-2-34　整地方式布设图

3.2.7　输电线路临时防护措施

相关措施图集如图 3-2-35 和图 3-2-36 所示。

输电线路区彩条旗限界（一）

输电线路区彩条旗限界（二）

图集展示输电线路区施工过程中彩条旗限界实际实施
情况。相关照片由输变电工程水土保持监测单位拍摄。

图 3-2-35　输电线路区彩条旗限界图集

输电线路区施工临时覆盖照片（一）

输电线路区施工临时覆盖照片（二）

输电线路区施工临时覆盖照片（三）

输电线路区施工临时覆盖照片（四）

图集展示输电线路区施工过程中临时覆盖（铺垫）措施实际实施情况。相关照片由输变电工程水土保持监测单位拍摄。

图 3-2-36 输电线路区临时覆盖图集

4 其他工程

　　输变电工程原则上不设置取土（料）场和弃土（渣）场，若经过土石方平衡论证、综合利用分析，确无借方购买途径或产生永久弃土（渣）的，则增加取土（料）场区和弃土（渣）场区。

4.1　施工生产生活区措施布设

　　施工生产生活区水土流失防治措施总平面布设图、推荐场地防护型式如图4−1−1～图4−1−6所示。

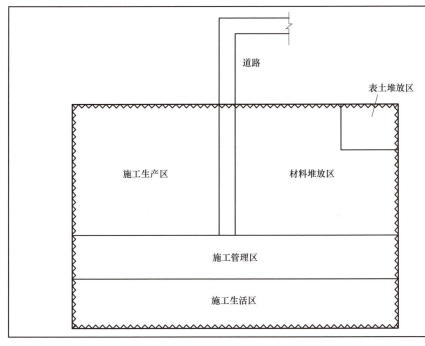

措施作用：
　　施工生产生活区施工准备阶段的水土保持措施主要有彩钢板或者栅栏限界，对区域内表土进行保护。
措施布设原则：
　　按征地红线对征地范围进行围栏，防止随意扩大扰动范围。对占地类型主要是耕地、林地、园地、草地等区域采取剥离表土，剥离范围要全面，剥离厚度要做到应剥尽剥。
措施主要型式：
　　对施工生产生活区的围栏一般采用彩钢板或栅栏。剥离表土应根据表土厚度及分布均匀程度、土壤肥力、施工条件等因素，确定表土剥离的厚度和施工方式。一般采取机械或人工方式。
施工注意事项：
　　（1）施工生产生活区要按征地红线进行围栏，施工生产生活区内要按照生活区、管理区和生产区等不同区域进行合理布局。
　　（2）根据现场调查情况确定可剥离表土范围，一般占地类型为耕地、林地、园地、草地等需要进行剥离表土，剥离表土厚度根据实际情况确定，做到应剥尽剥，剥离表土需要单独集中堆放。

图4−1−1　施工生产生活区施工准备期水土流失防治措施总平面布设图

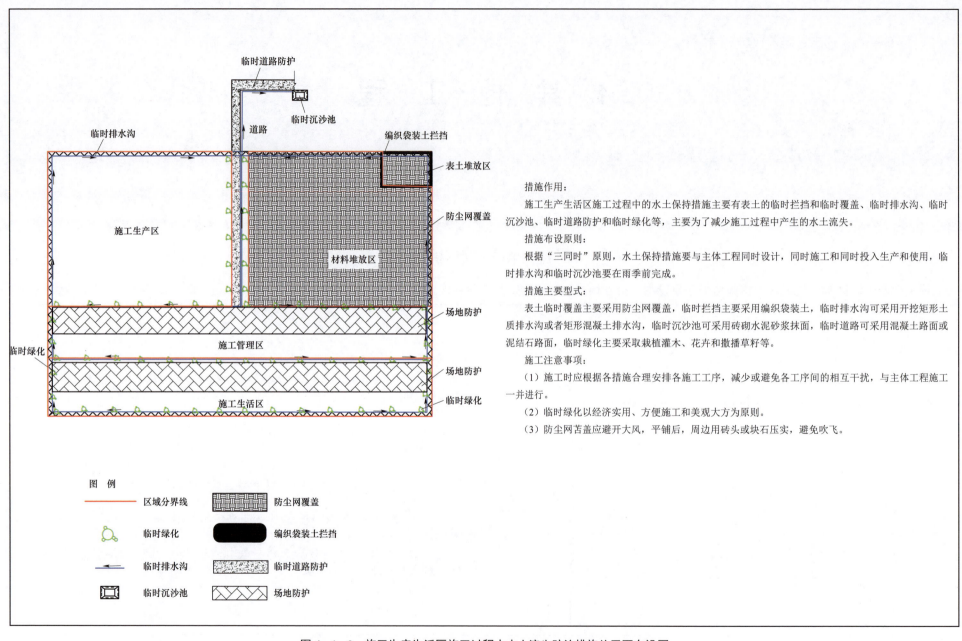

临时道路防护

临时沉沙池

道路

临时排水沟

编织袋装土拦挡

表土堆放区

施工生产区

防尘网覆盖

材料堆放区

场地防护

施工管理区

临时绿化

场地防护

施工生活区

临时绿化

措施作用：

施工生产生活区施工过程中的水土保持措施主要有表土的临时拦挡和临时覆盖、临时排水沟、临时沉沙池、临时道路防护和临时绿化等，主要为了减少施工过程中产生的水土流失。

措施布设原则：

根据"三同时"原则，水土保持措施要与主体工程同时设计，同时施工和同时投入生产和使用，临时排水沟和临时沉沙池要在雨季前完成。

措施主要型式：

表土临时覆盖主要采用防尘网覆盖，临时拦挡主要采用编织袋装土，临时排水沟可采用开挖矩形土质排水沟或者矩形混凝土排水沟，临时沉沙池可采用砖砌水泥砂浆抹面，临时道路可采用混凝土路面或泥结石路面，临时绿化主要采取栽植灌木、花卉和撒播草籽等。

施工注意事项：

（1）施工时应根据各措施合理安排各施工工序，减少或避免各工序间的相互干扰，与主体工程施工一并进行。

（2）临时绿化以经济实用、方便施工和美观大方为原则。

（3）防尘网苫盖应避开大风，平铺后，周边用砖头或块石压实，避免吹飞。

图 例

区域分界线		防尘网覆盖	
临时绿化		编织袋装土拦挡	
临时排水沟		临时道路防护	
临时沉沙池		场地防护	

图 4-1-2 施工生产生活区施工过程中水土流失防治措施总平面布设图

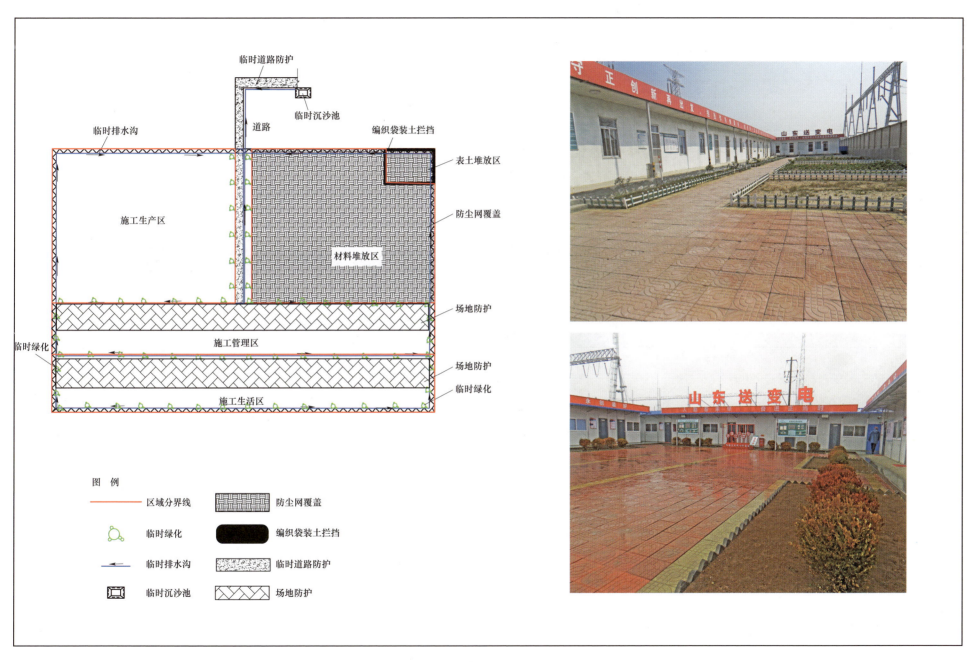

图 4-1-3 施工生产生活区推荐场地防护型式（透水砖铺筑）

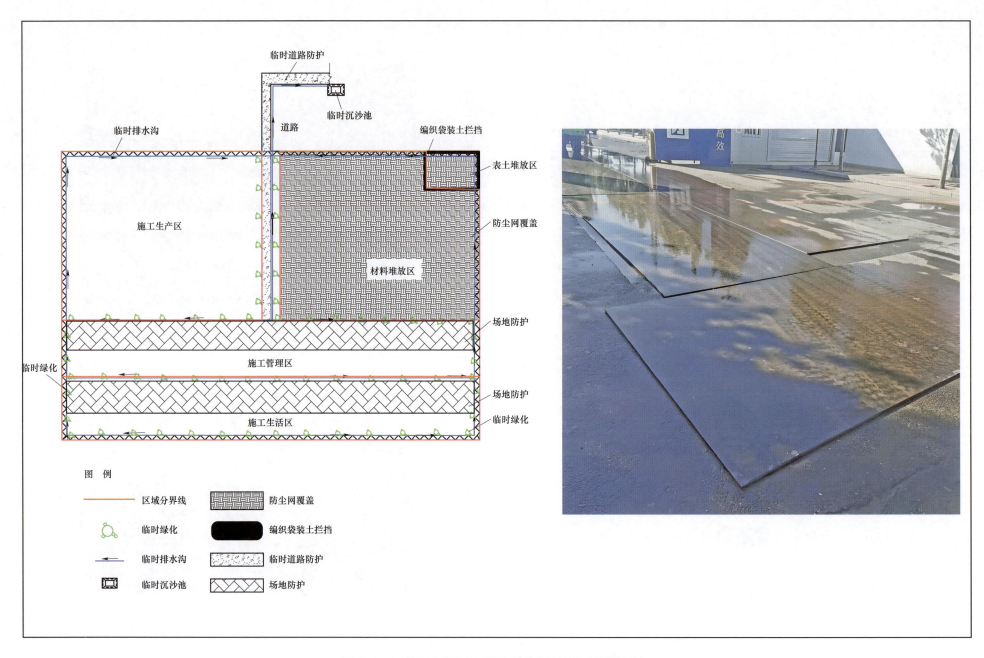

临时道路防护

临时沉沙池

临时排水沟

道路

编织袋装土拦挡

临时绿化

施工生产区

表土堆放区

防尘网覆盖

材料堆放区

场地防护

施工管理区

场地防护

施工生活区

临时绿化

图　例

———	区域分界线	防尘网覆盖图案	防尘网覆盖
临时绿化符号	临时绿化	编织袋装土拦挡符号	编织袋装土拦挡
临时排水沟符号	临时排水沟	临时道路防护图案	临时道路防护
临时沉沙池符号	临时沉沙池	场地防护图案	场地防护

图 4-1-4　施工生产生活区推荐场地防护型式（钢板铺垫）

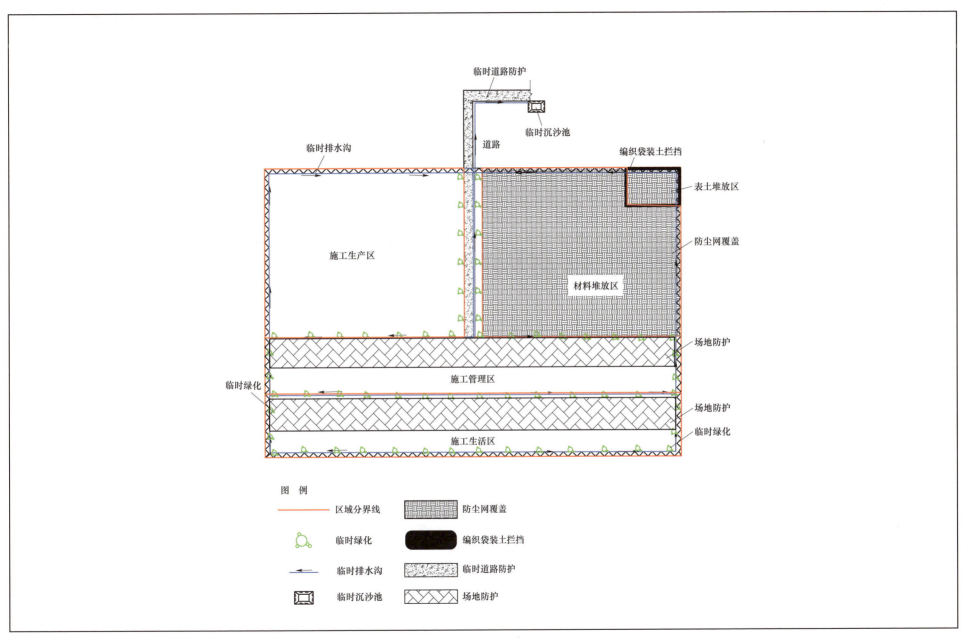

图 4-1-5 施工生产生活区推荐场地防护型式（木板铺垫）

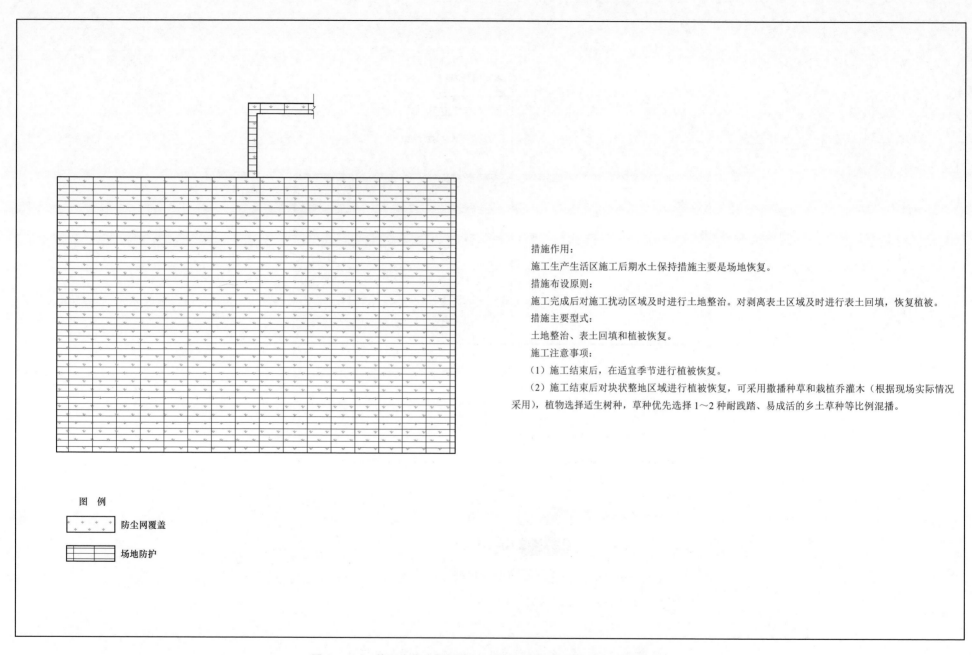

措施作用：

施工生产生活区施工后期水土保持措施主要是场地恢复。

措施布设原则：

施工完成后对施工扰动区域及时进行土地整治。对剥离表土区域及时进行表土回填，恢复植被。

措施主要型式：

土地整治、表土回填和植被恢复。

施工注意事项：

（1）施工结束后，在适宜季节进行植被恢复。

（2）施工结束后对块状整地区域进行植被恢复，可采用撒播种草和栽植乔灌木（根据现场实际情况采用），植物选择适生树种，草种优先选择1～2种耐践踏、易成活的乡土草种等比例混播。

图　例

防尘网覆盖

场地防护

图4－1－6　施工生产生活区施工后期水土流失防治措施总平面布设图

4.2 取土场措施布设

取土场水土流失防治措施布设图、取土边坡防护措施典型设计图如图4-2-1~图4-2-3所示。

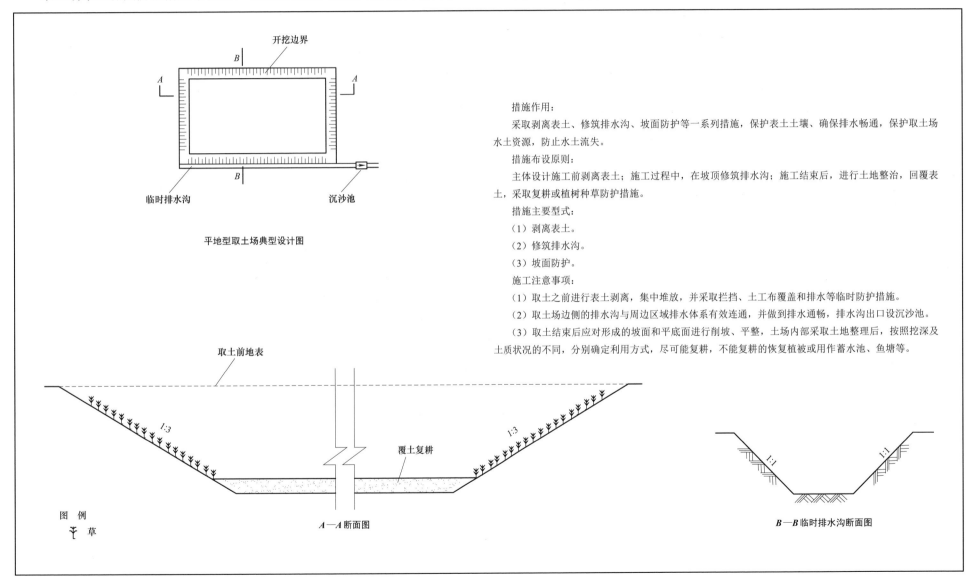

措施作用:

采取剥离表土、修筑排水沟、坡面防护等一系列措施,保护表土土壤、确保排水畅通,保护取土场水土资源,防止水土流失。

措施布设原则:

主体设计施工前剥离表土;施工过程中,在坡顶修筑排水沟;施工结束后,进行土地整治,回覆表土,采取复耕或植树种草防护措施。

措施主要型式:

(1)剥离表土。

(2)修筑排水沟。

(3)坡面防护。

施工注意事项:

(1)取土之前进行表土剥离,集中堆放,并采取拦挡、土工布覆盖和排水等临时防护措施。

(2)取土场边侧的排水沟与周边区域排水体系有效连通,并做到排水通畅,排水沟出口设沉沙池。

(3)取土结束后应对形成的坡面和平底面进行削坡、平整,土场内部采取土地整理后,按照挖深及土质状况的不同,分别确定利用方式,尽可能复耕,不能复耕的恢复植被或用作蓄水池、鱼塘等。

图4-2-1 平地型取土场水土流失防治措施布设图

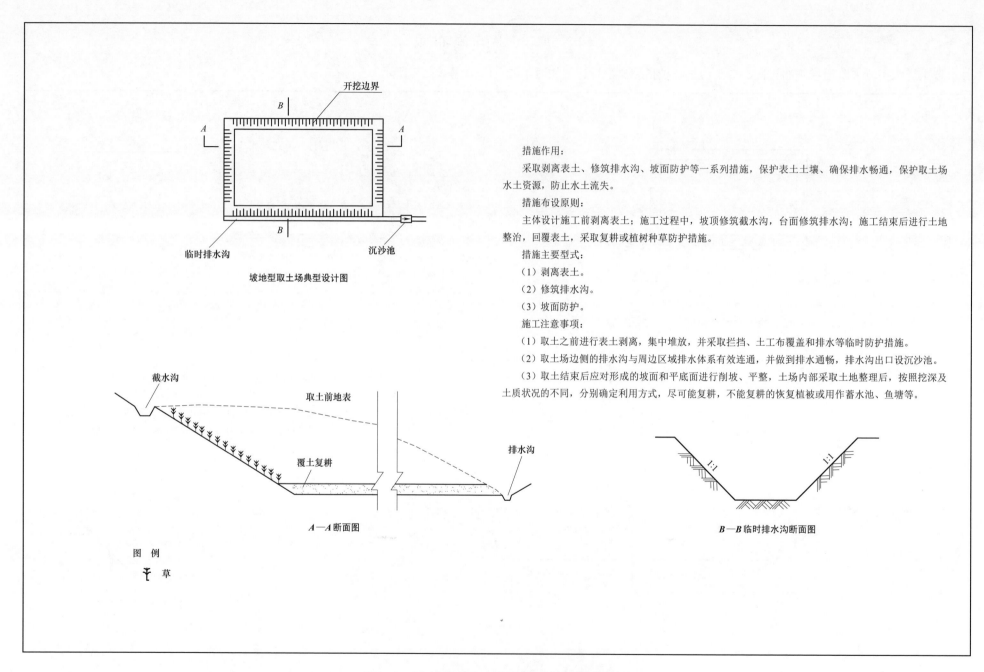

开挖边界

B

A A

B

临时排水沟   沉沙池

坡地型取土场典型设计图

截水沟

取土前地表

覆土复耕

排水沟

$A—A$ 断面图

图 例

草

1:1   1:1

$B—B$ 临时排水沟断面图

措施作用：

采取剥离表土、修筑排水沟、坡面防护等一系列措施，保护表土土壤、确保排水畅通，保护取土场水土资源，防止水土流失。

措施布设原则：

主体设计施工前剥离表土；施工过程中，坡顶修筑截水沟，台面修筑排水沟；施工结束后进行土地整治，回覆表土，采取复耕或植树种草防护措施。

措施主要型式：

（1）剥离表土。

（2）修筑排水沟。

（3）坡面防护。

施工注意事项：

（1）取土之前进行表土剥离，集中堆放，并采取拦挡、土工布覆盖和排水等临时防护措施。

（2）取土场边侧的排水沟与周边区域排水体系有效连通，并做到排水通畅，排水沟出口设沉沙池。

（3）取土结束后应对形成的坡面和平底面进行削坡、平整，土场内部采取土地整理后，按照挖深及土质状况的不同，分别确定利用方式，尽可能复耕，不能复耕的恢复植被或用作蓄水池、鱼塘等。

图 4-2-2　坡地型取土场水土流失防治措施布设图

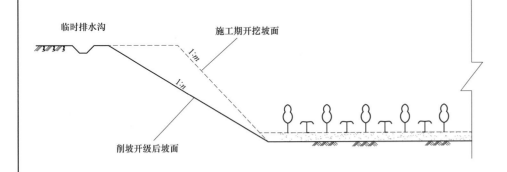

临时排水沟

施工期开挖坡面

1:m

1:n

削坡开级后坡面

图　例

丅　灌木

果树、经济林

措施作用：

通过削掉非稳定体的部分，减缓坡度，减小滑动力，以及开挖边坡，修筑阶梯或平台，达到相对截短坡长，改变坡型、坡比，降低荷载重心，维持边坡稳定。

措施布设原则：

对边坡高度大于 4m、坡度大于 1:1.5 的，取土结束后采用削坡开级工程防护。m 为施工期开挖坡面，n 为削坡开级后坡面，一般取 3～3.5，削坡后采取植物护坡。

措施主要型式：

主要型式有直线型、折线型、阶梯型、大平台型。

施工注意事项：

在进行坡面削坡前，需要进行边坡稳定性评估，确定削坡的坡度和高度等参数。评估过程中需要考虑土壤类型、地下水位、附近地质构造等因素。根据评估结果，制定合适的削坡方案。

图 4－2－3　取土边坡防护措施典型设计图（削坡开级）

4.3 弃渣场措施布设

4.3.1 弃渣场水土流失防治措施布设

弃渣场水土流失防治措施布设图如图4-3-1~图4-3-4所示。

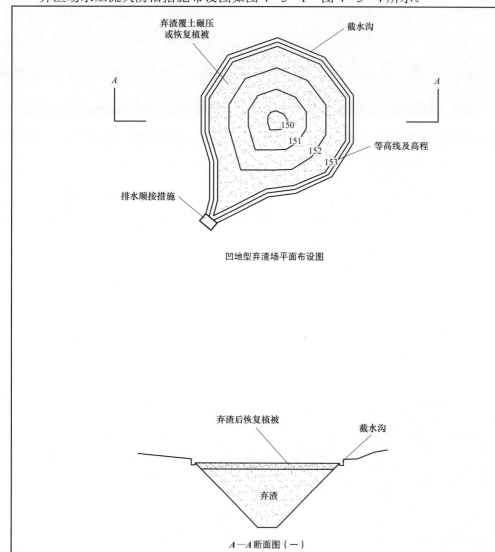

凹地型弃渣场平面布设图

A—A断面图（一）

A—A断面图（二）

措施作用：

为规范弃土弃渣有序处置，提高凹地综合利用效益。

措施布设原则：

（1）主体设计和施工应尽量避免产生弃土弃渣，减少弃渣场的设置。

（2）严禁在对重要基础设施、人民群众生命财产安全及行洪安全有重大影响的区域布设弃渣场。

（3）必须设置弃渣场时，优先选择洼地、取土采石坑等凹地弃渣场，还应避开滑坡体等不良地质条件地段，不宜在泥石流易发区设置弃渣场。

措施主要型式：

截水沟可根据场地情况因地制宜采取梯形、矩形或者U形槽断面，植被恢复宜采取乔灌草立体防护。

施工注意事项：

（1）弃渣场要做好水土流失防治，应采取截排水、碾压覆土、植被恢复等工程+植物综合防护，必要时实施苫盖等临时措施。

（2）一般可视最终弃土顶高程和坑口高程的高差（H）采取不同的防治措施，堆渣体不应高出地表，否则参照坡地型或平地型弃渣场进行防护，如堆渣体与地表齐平（$H=0$），可考虑回覆表土采取复耕措施，当低于地表一定范围内时（小于2m）可考虑采取回覆表土采取林草措施，当低于地表较大时（大于2m）可考虑碾压后结合当地需求改建为蓄水设施等，需设置安全警示标识。

（3）表土覆土厚度要满足水土保持工程设计规范关于不同利用方向的覆土厚度的要求，撒播植草至少0.3m，复耕的0.3~0.5m，造林的不低于0.4m。

弃渣场周边应设截排水设施和排水顺接措施，既应防治周围汇水对弃渣场的影响，也应防止汇水对周边产生不利影响。

注：图中等高线及高程为示意，表示地形变化。

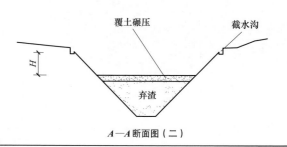

图4-3-1 凹地型弃渣场水土流失防治措施布设图

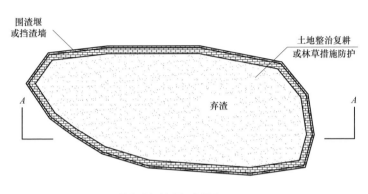

围渣堰
或挡渣墙

土地整治复耕
或林草措施防护

弃渣

_A_

_A_

平地型弃渣场平面布设图

围渣堰
或挡渣墙

土地整治复耕

弃渣

_A—A_ 断面图（一）

措施作用：

为规范弃土弃渣有序处置，防治弃土弃渣产生水土流失。

措施布设原则：

（1）主体设计和施工应尽量避免产生弃土弃渣，减少弃渣场的设置。

（2）严禁在对重要基础设施、人民群众生命财产安全及行洪安全有重大影响的区域布设弃渣场。

（3）不得不在平地设置弃渣场时，优先选择裸地、空闲地、平滩地等，弃渣场选址应遵循"少占压耕地，少损坏水土保持设施"的原则，具备表土剥离条件的应采取表土剥离，单独堆放并防护，用于后期植被恢复。

措施主要型式：

围渣堰或挡渣墙宜为浆砌石梯形结构，或者采用钢筋混凝土，周围视来水情况采取梯形、矩形或 U 形排水设施。

施工注意事项：

（1）平地型弃渣场要做好水土流失防治，落实"先拦后弃"要求，事先根据弃渣场容量、占地等合理确定围渣堰或挡渣墙措施的高度及型式，确保安全有效，严格控制弃渣高度，必要时针对拦挡措施开展稳定性分析论证。

（2）弃渣完毕应采取碾压覆土、植被恢复等工程+植物综合防护，必要时实施苫盖等临时措施。

（3）当渣脚高程低于弃渣场设防洪水水位时，其拦渣工程为围渣堰，当渣脚高于弃渣场设防洪水水位时，其拦渣工程为挡渣墙。

（4）渣体表土覆土厚度要满足水土保持工程设计规范关于不同利用方向的覆土厚度的要求，撒播植草至少 0.3m，复耕的 0.3～0.5m，造林的不低于 0.4m。

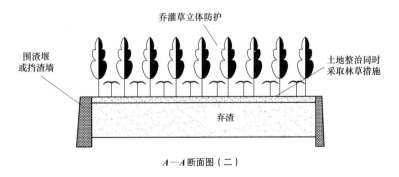

乔灌草立体防护

围渣堰
或挡渣墙

土地整治同时
采取林草措施

弃渣

_A—A_ 断面图（二）

图 4-3-2　平地型弃渣场水土流失防治措施布设图

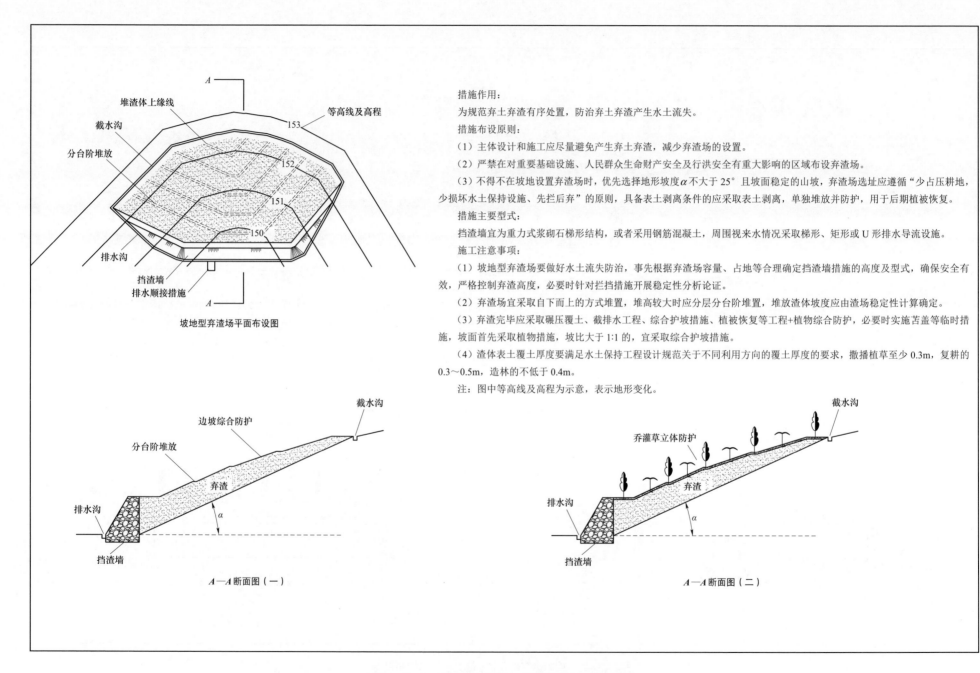

堆渣体上缘线
截水沟
分台阶堆放
排水沟
挡渣墙
排水顺接措施
等高线及高程
153
152
151
150

坡地型弃渣场平面布设图

截水沟
边坡综合防护
分台阶堆放
排水沟
弃渣
α
挡渣墙

A—A断面图（一）

截水沟
乔灌草立体防护
排水沟
弃渣
α
挡渣墙

A—A断面图（二）

措施作用：

为规范弃土弃渣有序处置，防治弃土弃渣产生水土流失。

措施布设原则：

（1）主体设计和施工应尽量避免产生弃土弃渣，减少弃渣场的设置。

（2）严禁在对重要基础设施、人民群众生命财产安全及行洪安全有重大影响的区域布设弃渣场。

（3）不得不在坡地设置弃渣场时，优先选择地形坡度α不大于25°且坡面稳定的山坡，弃渣场选址应遵循"少占压耕地，少损坏水土保持设施、先拦后弃"的原则，具备表土剥离条件的应采取表土剥离，单独堆放并防护，用于后期植被恢复。

措施主要型式：

挡渣墙宜为重力式浆砌石梯形结构，或者采用钢筋混凝土，周围视来水情况采取梯形、矩形或U形排水导流设施。

施工注意事项：

（1）坡地型弃渣场要做好水土流失防治，事先根据弃渣场容量、占地等合理确定挡渣墙措施的高度及型式，确保安全有效，严格控制弃渣高度，必要时针对拦挡措施开展稳定性分析论证。

（2）弃渣场宜采取自下而上的方式堆置，堆高较大时应分层分台阶堆置，堆放渣体坡度应由渣场稳定性计算确定。

（3）弃渣完毕应采取碾压渣土、截排水工程、综合护坡措施、植被恢复等工程+植物综合防护，必要时实施苫盖等临时措施，坡面首先采取植物措施，坡比大于1:1的，宜采取综合护坡措施。

（4）渣体表土覆土厚度要满足水土保持工程设计规范关于不同利用方向的覆土厚度的要求，撒播植草至少0.3m，复耕的0.3～0.5m，造林的不低于0.4m。

注：图中等高线及高程为示意，表示地形变化。

图4-3-3 坡地型弃渣场水土流失防治措施布设图

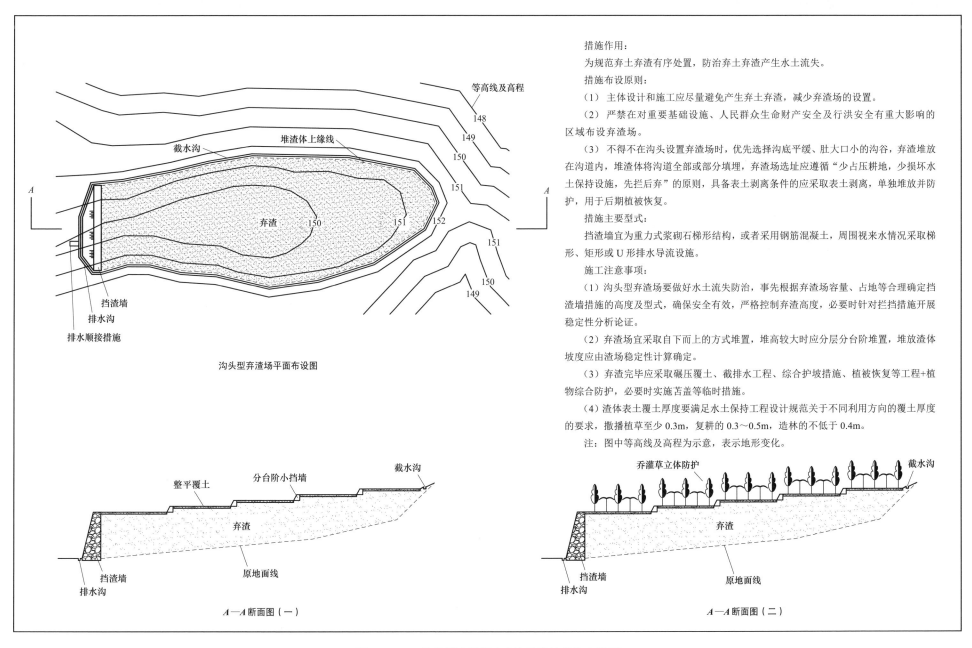

等高线及高程

148

149

150

截水沟

堆渣体上缘线

弃渣

150

151

152

151

151

150

149

150

挡渣墙

排水沟

排水顺接措施

沟头型弃渣场平面布设图

整平覆土

分台阶小挡墙

截水沟

弃渣

原地面线

挡渣墙

排水沟

A—A断面图（一）

乔灌草立体防护

截水沟

弃渣

原地面线

挡渣墙

排水沟

A—A断面图（二）

措施作用：

为规范弃土弃渣有序处置，防治弃土弃渣产生水土流失。

措施布设原则：

（1）主体设计和施工应尽量避免产生弃土弃渣，减少弃渣场的设置。

（2）严禁在对重要基础设施、人民群众生命财产安全及行洪安全有重大影响的区域布设弃渣场。

（3）不得不在沟头设置弃渣场时，优先选择沟底平缓、肚大口小的沟谷，弃渣堆放在沟道内，堆渣体将沟道全部或部分填埋，弃渣场选址应遵循"少占压耕地，少损坏水土保持设施，先拦后弃"的原则，具备表土剥离条件的应采取表土剥离，单独堆放并防护，用于后期植被恢复。

措施主要型式：

挡渣墙宜为重力式浆砌石梯形结构，或者采用钢筋混凝土，周围视来水情况采取梯形、矩形或 U 形排水导流设施。

施工注意事项：

（1）沟头型弃渣场要做好水土流失防治，事先根据弃渣场容量、占地等合理确定挡渣墙措施的高度及型式，确保安全有效，严格控制弃渣高度，必要时针对拦挡措施开展稳定性分析论证。

（2）弃渣场宜采取自下而上的方式堆置，堆高较大时应分层分台阶堆置，堆放渣体坡度应由渣场稳定性计算确定。

（3）弃渣完毕应采取碾压覆土、截排水工程、综合护坡措施、植被恢复等工程+植物综合防护，必要时实施苫盖等临时措施。

（4）渣体表土覆土厚度要满足水土保持工程设计规范关于不同利用方向的覆土厚度的要求，撒播植草至少 0.3m，复耕的 0.3～0.5m，造林的不低于 0.4m。

注：图中等高线及高程为示意，表示地形变化。

图 4-3-4　沟头型弃渣场水土流失防治措施布设图

4.3.2 弃渣场挡渣墙水土保持防治措施布设

布设图如图4-3-5、图4-3-6所示。

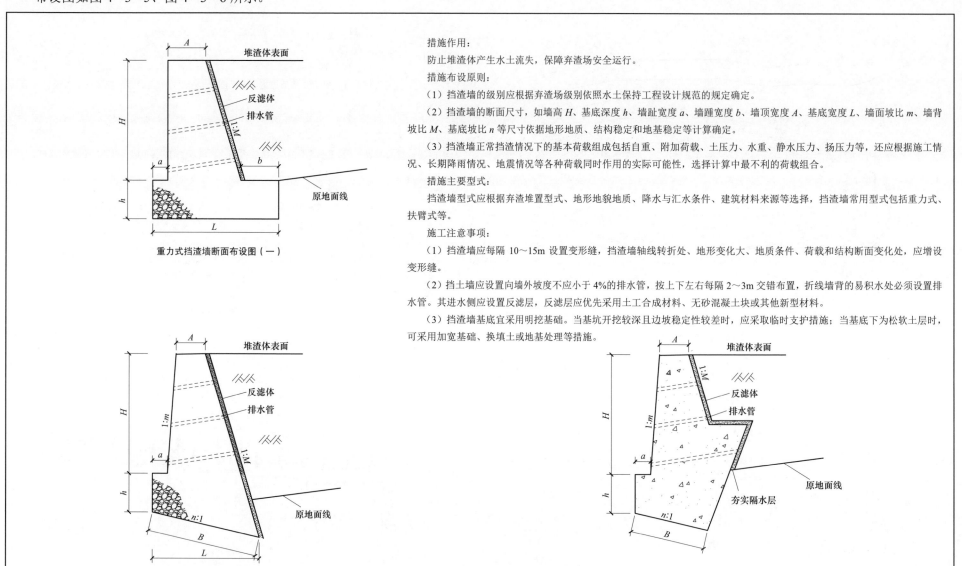

重力式挡渣墙断面布设图（一）

重力式挡渣墙断面布设图（二）

重力式挡渣墙断面布设图（三）

措施作用：

防止堆渣体产生水土流失，保障弃渣场安全运行。

措施布设原则：

（1）挡渣墙的级别应根据弃渣场级别依照水土保持工程设计规范的规定确定。

（2）挡渣墙的断面尺寸，如墙高 H、基底深度 h、墙趾宽度 a、墙踵宽度 b、墙顶宽度 A、基底宽度 L、墙面坡比 m、墙背坡比 M、基底坡比 n 等尺寸依据地形地质、结构稳定和地基稳定等计算确定。

（3）挡渣墙正常挡渣情况下的基本荷载组成包括自重、附加荷载、土压力、水重、静水压力、扬压力等，还应根据施工情况、长期降雨情况、地震情况等各种荷载同时作用的实际可能性，选择计算中最不利的荷载组合。

措施主要型式：

挡渣墙型式应根据弃渣堆置型式、地形地貌地质、降水与汇水条件、建筑材料来源等选择，挡渣墙常用型式包括重力式、扶臂式等。

施工注意事项：

（1）挡渣墙应每隔 10~15m 设置变形缝，挡渣墙轴线转折处、地形变化大、地质条件、荷载和结构断面变化处，应增设变形缝。

（2）挡土墙应设置向墙外坡度不应小于 4% 的排水管，按上下左右每隔 2~3m 交错布置，折线墙背的易积水处必须设置排水管。其进水侧应设置反滤层，反滤层应优先采用土工合成材料、无砂混凝土块或其他新型材料。

（3）挡渣墙基底宜采用明挖基础。当基坑开挖较深且边坡稳定性较差时，应采取临时支护措施；当基底下为松软土层时，可采用加宽基础、换填土或地基处理等措施。

图4-3-5 弃渣场挡渣墙（重力式）水土保持防治措施布设图

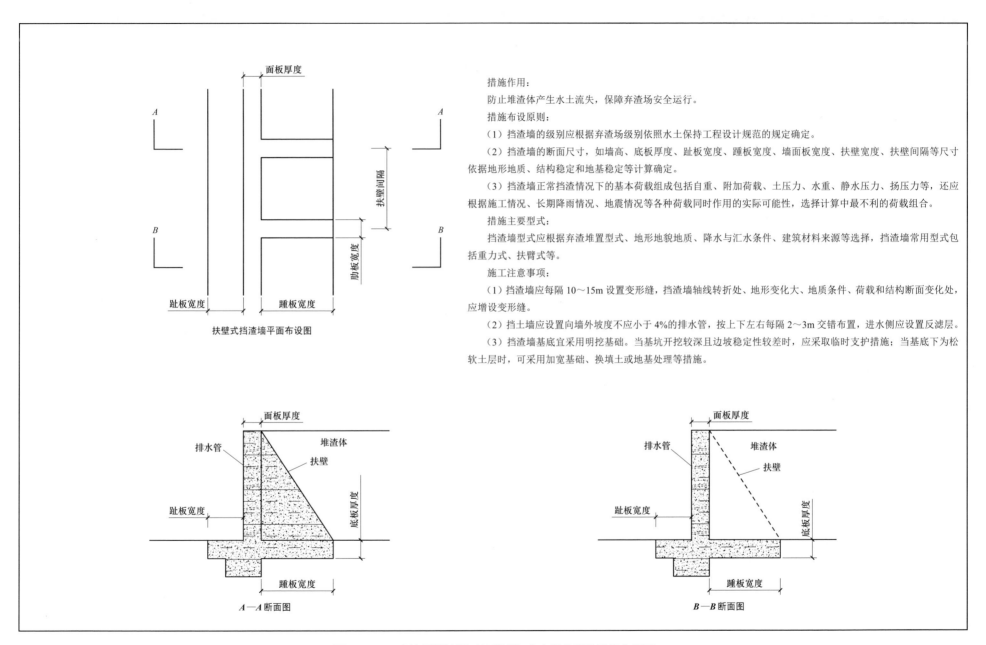

措施作用：

防止堆渣体产生水土流失，保障弃渣场安全运行。

措施布设原则：

（1）挡渣墙的级别应根据弃渣场级别依照水土保持工程设计规范的规定确定。

（2）挡渣墙的断面尺寸，如墙高、底板厚度、趾板宽度、踵板宽度、墙面板宽度、扶壁宽度、扶壁间隔等尺寸依据地形地质、结构稳定和地基稳定等计算确定。

（3）挡渣墙正常挡渣情况下的基本荷载组成包括自重、附加荷载、土压力、水重、静水压力、扬压力等，还应根据施工情况、长期降雨情况、地震情况等各种荷载同时作用的实际可能性，选择计算中最不利的荷载组合。

措施主要型式：

挡渣墙型式应根据弃渣堆置型式、地形地貌地质、降水与汇水条件、建筑材料来源等选择，挡渣墙常用型式包括重力式、扶臂式等。

施工注意事项：

（1）挡渣墙应每隔 10～15m 设置变形缝，挡渣墙轴线转折处、地形变化大、地质条件、荷载和结构断面变化处，应增设变形缝。

（2）挡土墙应设置向墙外坡度不应小于 4% 的排水管，按上下左右每隔 2～3m 交错布置，进水侧应设置反滤层。

（3）挡渣墙基底宜采用明挖基础。当基坑开挖较深且边坡稳定性较差时，应采取临时支护措施；当基底下为松软土层时，可采用加宽基础、换填土或地基处理等措施。

图 4-3-6　弃渣场挡渣墙（扶壁式）水土保持防治措施布设图

4.3.3 弃渣场截（排）水工程水土保持防治措施布设

弃渣场截（排）水工程水土保持防治措施布设图如图4-3-7所示。

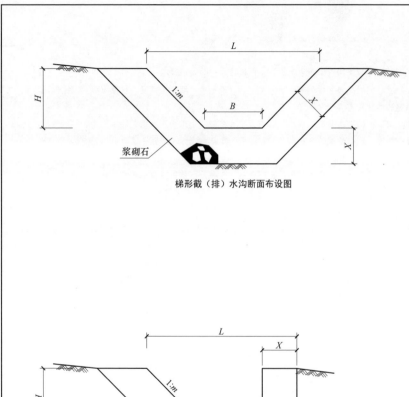

梯形截（排）水沟断面布设图

措施作用：

有序调控地表径流，防止周围汇水对渣体产生冲刷。

措施布设原则：

（1）截排水沟的断面尺寸应根据排泄坡面径流的需要设定，依照水土保持工程设计规范的要求进行设计。

（2）截排水沟宜按明渠流设计，截排水沟断面变化时，应采用渐变段衔接，其长度可取水面宽的5～20倍，在弯曲段凹岸应分析水位壅高影响。

措施主要型式：

土质山坡排水沟宜采用梯形断面或复式断面，石质山坡排水沟可采用矩形断面，陡坡式排水沟宜采用矩形断面，并宜采用浆砌块石或现浇混凝土。

施工注意事项：

（1）截排水沟应分段设置跌水，避免水流冲刷，末端应设消能防冲设置，一般称为排水顺接工程，起到消能沉沙的功能。

（2）截排水沟的比降取决于沿线地形和土质条件，设计时宜与沟道沿线的地面坡度相近，以减少开挖量，截排水沟比降不宜小于0.5%，土质沟渠的最小比降不应小于0.25%，衬砌沟渠最小比降不应小于0.12%。

（3）矩形、梯形截排水沟断面底宽和深度不宜小于0.40m，梯形土质排水沟内坡坡比宜采用1:1～1:1.5，按规定设置安全超高。

半梯形截（排）水沟断面布设图

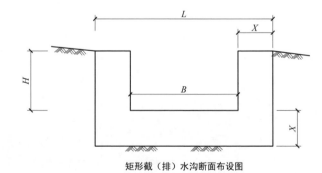

矩形截（排）水沟断面布设图

图4-3-7　弃渣场截（排）水工程水土保持防治措施布设图